Christine Michel

Spiele zum Grundwissen Mathematik

20 Einzel-, Partner- und Gruppenspiele
zu den Themen der 5./6. Klasse

Persen Verlag GmbH

Die Autorin:

Christine Michel – ist Haupt- und Realschullehrerin in Niedersachsen.

Gedruckt auf umweltbewusst gefertigtem, chlorfrei gebleichtem
und alterungsbeständigem Papier.

1. Auflage 2009
Nach den seit 2006 amtlich gültigen Regelungen der Rechtschreibung

Satz: media.design, Neumünster

ISBN 978-3-8344-**0350**-6

www.persen.de

Inhaltsverzeichnis

Vorwort

Liebe Kolleginnen, liebe Kollegen,

Spiele gehören bereits seit langer Zeit zum Mathematikunterricht dazu. Dabei ist häufig allerdings ein großer organisatorischer Aufwand erforderlich oder aber der Lernerfolg eher nebensächlich.

Die vorliegende Auswahl an Spielen für den Mathematikunterricht soll aus zwei wesentlichen Komponenten bestehen: Zum einen geht es darum, verschiedene spielerische Formen in den Mathematikunterricht einzubinden, zum anderen sollen verschiedene Themen der Klassen 5 und 6 durch den spielerischen Umgang intensiviert und durch unterschiedliche Betrachtungsweisen das Verständnis erleichtert werden.

Wichtig erschien es mir, Übungsmöglichkeiten für wechselnde Gruppengrößen anzubieten, vom Einzelspiel bis hin zum Klassenspiel. Dabei sollte möglichst jedes Spiel den Einsatz von Aufgaben in verschiedenen Niveaustufen ermöglichen, sodass es zu unterschiedlichen Zeitpunkten im Lernprozess oder zur Leistungsdifferenzierung eingesetzt werden kann.

Weiterhin war mir wichtig, dass sich die Spiele auf möglichst verschiedene Art im Unterricht einsetzen lassen, gern auch spontan oder mit nur einer Grundausstattung, die mit einer Aufgabensammlung ergänzt werden kann. Auf diese Weise habe ich versucht, einfache Spielideen zusammenzutragen, die sicherlich nicht alle unbekannt sind.

Viel Spaß bei der Umsetzung!

Einführung in das Thema „Spielen im Mathematikunterricht"

Gliederung

1. Das Spiel

Im Gegensatz zum zweckbestimmten, geplanten Arbeiten bezeichnet das Spiel eine zweckfreie, spontane, freiwillige, von innen heraus motivierte, lustbetonte und phantasiegeleitete Tätigkeit, die nach bestimmten Regeln verläuft. Dabei müssen im konkreten Spiel nicht immer alle Merkmale auftreten.[1]

Folgende Merkmalsbeschreibungen kennzeichnen den Begriff Spiel:

- freiwillig, selbstbestimmt
- zweckfrei
- frei von äußeren Zwängen
- losgelöst vom Ernst des Alltags
- aktiviert Phantasievorstellungen
- ermöglicht in der handelnden Auseinandersetzung Realitätserfahrungen und Verarbeitung von Alltagsproblemen
- es finden Lernvorgänge statt, die für die soziale, kognitive und psychomotorische Entwicklung von großer Bedeutung sind
- geht von einer Idee aus, zielgerichtet
- offen für wechselvolle Veränderungen im Verlauf
- Ergebnis ist nicht vorhersehbar
- erfordert die Verständigung über Regeln
- macht Spaß
- mit Ängsten unvereinbar[2]

In der Grundschule werden freie Spielformen allmählich abgelöst durch Rollen-, Interaktions-, Regel- oder Sportspiele sowie von Strategie- und Denkspielen. In der Sekundarstufe bekommen Plan-, Simulations- und Rollenspiele und szenische Spiele zunehmende Bedeutung. Diese Spielformen können aus der freien Aktivität erwachsen oder von Spielleitern angeregt und gelenkt werden. Vor einer zu starken Didaktifizierung im Zusammenhang mit dem Einsatz von Lernspielen wird gewarnt.[3]

2. Zusammenhang von Spielen und Lernen

Spielen ist die Basis allen Lernens. Es spricht sowohl aus der Schüler- als auch aus der Lehrerperspektive viel dafür, in der Schule regelmäßig und ausreichend zu spielen:

- Spielend können die Schüler sich in die Welt der Erwachsenen vorwagen; sie können Probe-Handlungen durchführen und dabei Spaß haben (z. B. Rechengeld-Spiele).
- Sie können soziale Erfahrungen sammeln.
- Spielen ist immer ganzheitlich.
- Spielen fördert die Selbsttätigkeit der Schüler.
- Spielen kann zur Anwendung und zum

---
[1] Vgl. Schaub 2000, S. 524
[2] Vgl. ders., S. 524–525
[3] Vgl. ders., S. 525

übenden Vertiefen des vorher Erarbeiteten genutzt werden.
- Die Lehrerzentrierung des Frontalunterrichts kann durch Spielphasen abgebaut werden.
- Der Lehrer kann Spielphasen nutzen, um den Lernzuwachs seiner Schüler zu überprüfen.[4]

3. Das Lernspiel

Als Lernspiele oder didaktische Spiele werden mit didaktischer Absicht gestaltete Lern- und Arbeitsmittel bezeichnet, die der äußeren Form nach einem Gesellschaftsspiel gleichen, aber inhaltlich-thematisch auf das Erreichen bestimmter Lernziele und -inhalte gerichtet sind. Dabei sollen im spielerischen Gebrauch Wissen und Kenntnisse vermittelt, wiederholt oder geübt werden.[5]
Lernspiele unterscheiden sich vom eigentlichen Spiel dadurch, dass sie nicht zweckfrei sind. Aus diesem Punkt resultiert die Kritik, das das Spiel durch die Umwandlung in ein Lernspiel für didaktisch-methodische Zwecke instrumentalisiert wird.[6]

4. Spielen im Mathematikunterricht

Die Frage, wann eine Aktivität im Mathematikunterreicht ein Spiel ist, ist nicht allgemeingültig zu beantworten, da dieselbe Tätigkeit von verschiedenen Menschen aber auch vom gleichen Menschen zu verschiedenen Zeitpunkten völlig unterschiedlich empfunden wird.
Zur Eingrenzung des Gebietes legen Radatz und Schipper Faktoren fest, die die beschreibbare Seite der Tätigkeit betreffen, als auch Faktoren, die von den subjektiven Merkmalen, Empfindungen und Vorerfahrungen des einzelnen Schülers abhängig sind. Zwar gibt es keine Möglichkeit, objektiv festzustellen, was ein Spiel ist, aber die aufgestellten Faktoren machen deutlich, welche Tätigkeiten im Mathematikunterricht von den Schülern eher als Spiel angesehen werden.[7]

Tätigkeiten werden dann eher als Spiel angesehen, wenn...

- die Tätigkeiten freie Handlungsspielräume gewähren.
- Handlungen ermöglicht werden, die nicht zum „normalen" Unterrichtsgeschehen gehören (z. B. Würfeln, Schnipsen mit Plättchen, Hüpfen, ...)
- der Spannungsbogen nicht zu groß ist, d. h. dass viele kleine Erfolgserlebnisse zwischendurch ermöglicht werden.
- die im Spiel gestellten Aufgaben von einem mittleren Erreichbarkeitsgrad sind. Zu schwere oder zu leichte Aufgaben zerstören jeden Spielreiz. → Differenzierung
- die zu übenden oder erlernenden Inhalte in eine Form gekleidet werden, die dem strukturellen Entwicklungsstand des einzelnen Schülers möglichst gut angepasst sind.
- der Schüler mit Mathematik und Spielen im Mathematikunterricht schon positive Vorerfahrungen gemacht hat.
- jeder Schüler auch die Chance auf einen Gewinn hat.[8]

Damit das Spiel in der Schule als Unterrichtsmethode gelten kann, müssen durch das Spiel Lerninhalte gezielt vermittelt werden können. Dazu bieten sich vornehmlich Spiele an, die nach vorher vereinbarten Regeln gespielt werden, wobei die Schüler diese Regeln freiwillig akzeptieren sollten. Der Lehrer gewinnt mit der Aufstellung von Regeln die Möglichkeit, sowohl Spiellust als auch Lerninhalte zu vermitteln. Zugleich müssen die Regeln transparent und fair sein und Missverständnissen vorbeugen.[9]

---

4 Vgl. Meyer 1994, S. 345
5 Vgl. Schaub 2000, S. 357
6 Vgl. ders., S. 357
7 Vgl. Radatz 1983, S. 164-165
8 Vgl. Radatz 1983, S. 164-165
9 Vgl. Schmitt-Hartmann 1999, S. 92-93

Dass ein Spiel von sich aus motivierend wirken muss, ist daher eine Rahmenbedingung für spielerisches Lernen im Unterricht. Das Motivierende liegt in der Aussicht auf Erfolg und in der Möglichkeit, Wissen zu erlangen, was durch eine wohldosierte Abweichung vom Vertrauten erreicht wird. Aus diesem Grund sollte ein Lernspiel unterschiedliche Leistungsanforderungen an die Spieler stellen. Außerdem sollte das Spiel nicht zu früh entschieden werden, um für alle die Möglichkeit zu erhalten, sich erfolgreich am Spiel zu beteiligen. Das Element Glück kann besonders leistungsschwächeren Schülern helfen, weiter motiviert zu spielen, da der Erfolg vorübergehend nicht (nur) von ihrer persönlichen Leistung abhängt. Ein weiteres motivierendes Element kann das Bedürfnis nach sozialer Bindung sein.

Zusätzlich zu diesen motivierenden Faktoren wirken zusätzlich folgende subjektive Wahrnehmungen motivierend oder hemmend:[10]

- Vorerfahrung mit Spielen
- Verhältnis zwischen Schülern und Lehrer
- Verhältnis der Schüler untereinander
- Häufigkeit der Spiele

5. Lernziele

Auf der einen Seite besteht das Problem, dass die Stofffülle im Mathematikunterricht sehr groß ist, auf der anderen Seite ist bekannt, dass in entspannten Situationen erfolgreich gelernt wird.
Die Effektivität von Lernspielen lässt sich bezüglich inhaltlicher Lernziele um so eher nachweisen, je konkreter und begrenzter die mit dem Spiel verfolgten Lernziele sind und je zielgerichteter das Lernspiel auf die jeweiligen didaktischen Intentionen zugeschnitten ist. Konkrete Lernziele und Verhaltensänderungen (in kleinerem Maßstab) sind mithilfe von Spielen nachweisbar zu erreichen.[11]

6. Lernchancen durch mathematische Lernspiele

Es kann angenommen werden, dass sich mit Lernspielen vielfältige Fähigkeiten und Fertigkeiten des Menschen fördern lassen. Der Nachweis gestaltet sich jedoch als schwierig.

Trotzdem lassen sich folgende Lernchancen aus dem Einsatz von mathematischen Lernspielen ableiten:[12]

- Im Unterricht erworbenes Wissen kann geübt und gefestigt werden.
  z. B. durch Domino- oder Lottospiele.
- Es können erste Einsichten zu einem Geflecht von Beziehungen und Kenntnissen ausgebaut werden.
  z. B. Zahlentorspiele, Zahlen-Scrabble, Superhirn etc.
- Es kann in neue Inhalte eingeführt werden.
  z. B. Übungen zur Symmetrie, Wahrscheinlichkeiten etc.
- Es können Fähigkeiten gefördert werden, die nicht für bestimmte Inhalte spezifisch sind, sondern in vielen Bereichen Anwendung finden können.
  z. B. Mathematisieren, Argumentieren, Problemlösen, sich kreativ verhalten, Ordnen, Klassifizieren etc.
- Abbau von Lernschwierigkeiten durch Möglichkeit der Differenzierung und Individualisierung des Lernens.
  z. B. durch Soma-Würfel, Zielscheibenspiele, o. Ä.
- Beitrag zum sozialen Lernen.
  z. B. durch Vermittlung von Grundfertigkeiten: Spielregeln einhalten, aufeinander Rücksicht nehmen, abwarten können, voneinander lernen, miteinander sprechen etc.

---
[10] Vgl. ders., S. 92-93
[11] Vgl. Radatz 1983, S. 166
[12] Vgl. ders., S. 167-182

7. Spielformen

a) Wegespiele

Ziel von Wegespielen ist es, eine oder mehrere Spielfiguren mit Würfelhilfe ins Ziel zu bringen. Auf diesem Weg sind Fallgruben eingebaut, z. B. Blockaden oder Mitspieler, die die eigene Figur hinauswerfen.

Variationsmöglichkeiten:

- Variation des Spielplans (z.B. themengebunden)
- Variation der Blockaden (Anreicherung mit Sonderfeldern)
- Einsatz von Ereigniskarten mit Aufgaben (erlaubt das Benutzen nur eines Spielplans für verschiedene Ereigniskartensätze)
- Variation der Zufallsgeneratoren (z.B. zwei Würfel, Kreisel, Glücksräder etc.)

b) Würfelspiele

Würfel können an vielen Stellen des Mathematikunterrichts eingesetzt werden:

- Erzeugen von Übungsaufgaben
- kleinere Rechenspiele
- Ausgangspunkt für mathematische Analysen
- Erzeuger von Zahlen

c) Kartenspiele

Spielkarten liefern einen noch größeren Zahlenraum als Würfel und sind ebenso vielfältig einsetzbar. Sie haben außerdem den Vorteil, dass man sie auf der Hand halten kann.
Dadurch lassen sich besonders planvolle Spiele mit Überlegung und Strategiebildung spielen.

d) Varianten von Gesellschaftsspielen

Zahlreiche mathematische Lernspiele sind Variationen von Gesellschaftsspielen (s. o.).
Dieses gilt auch für Domino-, Lotto- oder Memoryvarianten. Etwas schwieriger ist es, Inhalte, die nicht dem reinen Übungsaspekt dienen, in solche Spielformen umzusetzen.
Selbstkontrollmöglichkeiten sind in jedem Fall angebracht.

e) Spiele mit Bewegung und Geschicklichkeit[13]

Den motorischen Bedürfnissen der Kinder und ihrer Freude daran, ihre Geschicklichkeit ausspielen zu können, kann im Matheunterricht Rechnung getragen werden. Die Spiele mit Bewegung und Geschicklichkeit sind Anleihen an bekannte Kinderspiele, z. B. Flohspiele, Hütchenspiele, Hüpfspiele, Packesel, Zielspiele, Kinder-Knoten etc.

8. Checkliste zur Auswahl von Lernspielen

- Zeitfaktor: angemessene Spieldauer wählen (ca. 10-15 min.)
  Spiele wählen, die jederzeit abgebrochen werden können.
- Übung: Themenbezug des Lernspiels herstellen
  angemessener Anteil an Übungselementen
  hoher Lernfaktor
- Spielregeln: leicht verständlich
  ausbaufähig und veränderbar
- Material: ansprechend
  möglichst wenig Einzelteile (Risiko von Verlust)
  angemessener Aufwand
- Spielform: Mischung von Zufallselementen und Können → auch leistungsschwächere Schüler können gewinnen
- Günstige Bedingungen: Schüler sollten zuende spielen können
  genügend Raum zum Spielen
  kein Spielzwang (z. B. Einbindung in Wochenplan o. Ä.)
  Einbeziehung von Außenseitern

---

[13] Vgl. Radatz 1983, S. 182–189

9. Umsetzung

Für die Umsetzung verschiedener Ideen in dieser Form sprach, dass so die Möglichkeit besteht, bestehende Spielideen für verschiedene Themen zu verwenden. Dabei gibt es Aufgabenvorschläge für verschiedene Themen sowie eine Vorschlagsliste, für welche Themen die Spiele noch geeignet wären. Auf diese Weise bleiben die Spielideen flexibel und können von jeder Lehrkraft einfach einem Thema angepasst werden.

10. Literatur

Meyer, H. (1994): Unterrichtmethoden 2. Praxisband. Frankfurt am Main: Cornelsen Scriptor.

Radatz, H. Schipper, W. (1983): Handbuch für den Mathematikunterricht an Grundschulen. Hannover: Schroedel Schulbuchverlag.

Schaub, H./Zenke, K. G. (2000): Wörterbuch Pädagogik. München: Deutscher Taschenbuch Verlag.

Schmitt-Hartmann, R. (1999): Mathe spielend lernen. Mathematik 7. Klasse. Stuttgart: Ernst Klett-Verlag.

	1 Kopfrechenfußball	2 Kopfrechenbingo	3 Klassenrennen	4 Wer knackt den Jackpot?	5 Winkelrennen	6 Tic Tac Toe	7 Umsetzen	8 Dosenwerfen	9 Domino	10 Teilerrennen	11 Schnapp!	12 Lotto	13 Hoch, höher, ... I	14 Hoch, höher, ... II	15 Winkelwettkampf	16 Platz da!	17 Trimino	18 Rechenpuzzle	19 Rechenlabyrinth	20 Kreuzzahlrätsel
Themen Klasse 5																				
Natürliche Zahlen	x	o	x	o		x	o	o	o	x	o	o	o				o	o	o	o
Brüche	o	o	o	o			o	o	o	o	o	o	o	o			x	o		o
Geometrische Konstruktionen									o			o								
Flächen und Körper									o			o					o			
Flächeninhalt und Umfang	o	o	o	o			o	o	o		o	o	o				o	x		o
Themen Klasse 6																				
Kreis und Winkel	o	o	o	o	x		o	o	o		o	o	o		x		o			o
Bruchrechnung	o	o	o	o			o	x	o		o	o	x	o			o	o	o	o
Dezimalbruchrechnung	o	x	o	o			o	o	o		x	o		x			o	o	x	o
Symmetrie									x			o								
Flächen- und Rauminhalt	o	o	o	o			x	o	o	o		o					o	o		o
Terme							o	o	o			x					o	o		o
Zuordnungen							o	o	o			o				x		o		x

Diese Tabelle zeigt Einsatzmöglichkeiten der Spiele über die vorgeschlagenen Themen hinaus. Dazu muss lediglich das Aufgabenmaterial angepasst werden. Das Kreuz (x) markiert dabei die in diesem Buch umgesetzte Idee, der Kreis (o) weitere Möglichkeiten zum Einsatz.

1 Kopfrechenfußball

Rechnen mit natürlichen Zahlen

Anzahl Mitspieler: die ganze Klasse

Material: OHP-Folie des Spielfeldes (M1)
1 Münze (= Spielball)
Nummernkarten (M2)
Aufgabensammlung (M3)

Spielvorbereitung:

- Das Spielfeld (M1) auf OHP-Folie ziehen.
- Die Nummernkarten (M2) je 1x auf rotes und grünes Papier kopieren, laminieren und ausschneiden.
- Zuerst werden alle Nummernkarten an die Schüler verteilt. Bei ungerader Schüleranzahl ist es notwendig, dass ein Schüler zwei Karten einer Farbe erhält.
  Variante 1: Die Klasse wird räumlich in zwei Teile geteilt und die eine Hälfte der Klasse erhält die roten und die andere Hälfte die grünen Karten.
  (Vorteil: Teamzusammengehörigkeitsgefühl)
  Variante 2: Die Karten werden gemischt und ungeordnet an die Schüler verteilt.
  (Vorteil: Weniger „Fouls" (Vorsagen von Ergebnissen))
  Variante 3: Die Schüler wählen Mannschaften.
  (Vorteil: Leistungsheterogene Gruppen; Nachteil: Zeitaufwand hoch)
- **Wichtig:** Kein Schüler darf seine Zahl auf der Karte verraten, bevor das Spiel startet!
- Der Lehrer schreibt die den verteilten Nummernkarten entsprechenden Zahlen an die Tafel.

Spielablauf:

- Der Lehrer kennzeichnet eine der Zahlen an der Tafel durch Einkreisen, Auskreuzen o. Ä.
  → Es rechnen bei der nächsten Aufgabe z.B. die rote und die grüne „4" gegeneinander.
- Die Aufgabensammlung (M3) bietet eine Vielzahl an Aufgaben zum Rechnen mit natürlichen Zahlen in den vier Grundrechenarten. Der Lehrer stellt eine Aufgabe daraus.
- Nur die Schüler mit der entsprechenden Karte rufen ihre Lösung in die Klasse.
- Der Spielball (= Münze) auf dem Spielplan wird gemäß der Farbe der Mannschaft des Siegers vom Anstoßkreis in Richtung des gegnerischen Tors bewegt. (Sagt also die rote „4" als erstes die richtige Lösung der Aufgabe, bewegt sich der Ball in Richtung des grünen Tores.)
- Begeht eine Mannschaft ein „Foul", sagt also ein Teammitglied dem Spieler die richtige Lösung vor, so hat die gegnerische Mannschaft einen „Freistoß" gut, d. h. nur der Spieler dieser Farbe darf die Aufgabe lösen. Er hat aber nur einen Lösungsversuch.

Spielende:

Sinnvoll ist es, die Spielzeit oder die Aufgabenanzahl einzugrenzen, da (wie im richtigen Leben) Tore nicht immer garantiert werden können.

2 Kopfrechenbingo

Rechnen mit Dezimalzahlen

Anzahl Mitspieler: die ganze Klasse

Material: Bingokarten für die Schüler (M4)
Aufgabensammlung in 5 Spielvarianten (M5a)
Zahlenkarten (M5b)
Beutel

Spielvorbereitung:

- Die Zahlenkarten müssen größer kopiert, laminiert und ausgeschnitten werden. Anschließend werden sie in einen Beutel gelegt.
- Zuerst bekommt jeder Schüler einen Spielplan oder er zeichnet sich ein entsprechendes Feld in sein Heft oder auf einen Zettel.
  Variante 1: Zum Aufwärmen und als schneller Einstieg in den Unterricht empfiehlt sich ein Spiel auf dem 3x3-Feld.
  Variante 2: Für ein längeres Spiel nimmt man ansonsten das 4x4-Feld.
- Jeder Spieler schreibt dann ungeordnet Zahlen aus dem Bereich zwischen 0 und 5 in seine Felder hinein. Dabei sind alle Zahlen mit einer Nachkommastelle erlaubt.

Spielablauf:

- Der Lehrer oder ein Schüler zieht eine Zahlenkarte aus dem Beutel und liest sie vor.
- Die entsprechende Aufgabe von den Aufgabenkarten wird vorgelesen.
- Die Schüler lösen die Aufgabe im Kopf und prüfen, ob sie die Lösung auf ihrem Spielplan eingetragen haben.
- Ist dieses der Fall, so kennzeichnen sie diese Zahl durch Einkreisen, Auskreuzen, o. Ä.
  (Tipp: Möchte man das Spiel mit demselben Spielplan häufiger spielen, empfiehlt es sich, vor dem Spiel eine Farbe oder eine Ecke des Feldes festzulegen, die gekennzeichnet werden soll.)
- Hat ein Spieler 3 bzw. 4 Felder senkrecht, waagerecht oder diagonal gekennzeichnet, ruft er laut BINGO und hat das Spiel gewonnen (wobei man die Ergebnisse natürlich noch überprüfen muss).
- Möchte man das Spiel verkürzen, kann man auch nur einen Aufgabenteil (z. B. 1–20) und die entsprechenden Ergebnisse verwenden.

Spielende:

- Man sollte vorher festlegen, wie viele Runden gespielt werden sollen.
- Der Preis des Gewinners könnte z. B. sein, in der nächsten Runde die Zahlenkarten zu ziehen und vorzulesen.

Christine Michel: Spiele zum Grundwissen Mathematik
Persen Verlag GmbH, Buxtehude

3 Klassenrennen

Rechnen mit natürlichen Zahlen

Anzahl Mitspieler: die ganze Klasse

Material: Spielplan für den OHP (M6)
Aufgabensammlung (M3)
Rote und blaue Folienquadrate zum Abdecken
oder rote und blaue Folienstifte

Spielvorbereitung:

- Den Spielplan auf Folie ziehen.
- Entsprechend der Größe der Felder des Spielplans rote und blaue Folienquadrate erstellen oder rote und blaue Folienstifte bereitlegen.
- Die Klasse wird räumlich in zwei Teile geteilt. Die eine Hälfte der Klasse bildet das rote Team und die andere Hälfte das blaue Team.
- Der Spielplan wird auf den OHP gelegt.
- Die Mannschaften legen untereinander eine Reihenfolge der Spieler fest (z. B. Sitzreihenfolge).
- Ziel des Spieles ist es, einen Weg vom linken Rand zum rechten Rand des Spielplans mit Plättchen der eigenen Farbe auszulegen. Dabei müssen die Felder an einer Seite zusammenstoßen, eine Ecke reicht nicht.

Spielablauf:

- Eine Mannschaft beginnt und der erste Spieler wählt eine Zahl aus, die am linken Spielfeldrand abgedruckt ist.
- Der Lehrer oder ein als Spielleiter agierender Schüler liest aus der Aufgabenliste eine beliebige Aufgabe vor.
- Der Schüler hat eine zuvor festgelegte Zeitspanne zur Verfügung (nicht zu lange), um die Aufgabe zu lösen.
- Nennt er in dieser Zeit die richtige Lösung, so wird das Feld auf dem Spielplan in der Farbe seiner Mannschaft gekennzeichnet.
- Braucht er länger für die Lösung oder nennt er die falsche Lösung, so kann die Aufgabe später wieder ausgewählt werden (natürlich auch vom anderen Team!)
- Strategie: Natürlich ist es manchmal viel sinnvoller, dem anderen Team den Weg zu „verbauen", als seinen eigenen Weg weiterzubauen ;-).

Spielende:

Gewonnen hat das Team, das zuerst einen durchgehenden Weg in seiner Farbe vom linken zum rechten Rand des Spielplanes erkämpft hat.

4 Wer knackt den Jackpot?

Mathematische Begriffe

Anzahl Mitspieler: die ganze Klasse

Material: Fragekarten (M7a–g)
Punktekontoblatt auf OHP-Folie (M8)
2–3 Münzen (abhängig von der Gruppenanzahl)
Entscheidungskarten (M9)

Spielvorbereitung:

- Entscheidungskarten laminieren und zuschneiden
- Zuerst werden, je nach Klassengröße, 2 bis 3 Gruppen eingeteilt. Optimal ist eine Gruppengröße von 8 Schülern, die auch nicht überschritten werden sollte. Weniger Schüler pro Gruppe sind dagegen kein Problem.
- Der Spielverlauf wird durch den Plan auf dem OHP verdeutlicht; der Kontostand von allen Gruppen wird zu Beginn des Spiels mit 0 € angegeben.
- Jede Gruppe muss sich vor dem Spiel untereinander einigen, welcher Schüler für welche Frage zuständig sein soll. **Jeder Schüler muss eine Frage beantworten.** Sind weniger Schüler in der Gruppe, so müssen einige Schüler doppelt Fragen beantworten.

Spielablauf:

- Aus jeder Gruppe kommt dann der für die 50 €-Frage zuständige Schüler nach vorn und setzt sich auf einen bereitgestellten Stuhl.
- Jeder bekommt einen Kartensatz mit Karten, auf denen A, B, C, D abgedruckt ist.
- Der Lehrer oder ein Schüler liest eine 50 €-Frage vor und nennt auch die 4 Antwortmöglichkeiten.
- Die Schüler lösen die Aufgabe und suchen aus ihren Karten die richtige Antwortmöglichkeit heraus und halten sie zunächst verdeckt.
- Haben alle vorne sitzenden Spieler ihre Antwortkarte bereit, so gibt der Spielleiter ein Signal und die Karten werden aufgedeckt.
- Bei richtiger Lösung rückt der Spielstein (Münze) der Gruppe eine Stufe höher, bei falscher Lösung verbleibt er auf der Stufe. In der nächsten Runde muss aber trotzdem die schwerere Frage beantwortet werden, allerdings zu dem niedrigeren Gewinn.

Spielende:

- Das Spiel endet, wenn die 10.000 €-Frage gespielt worden ist. Jetzt wird ermittelt, welche Gruppe wie viel Geld erspielt hat und ob es einer Gruppe gelungen ist, den Jackpot zu knacken.
- Gewonnen hat die Gruppe, die am meisten Geld erspielen konnte.

5 Winkelrennen

Winkel messen und zeichnen

Anzahl Mitspieler: die ganze Klasse

Material: weißes Papier
pro Schüler ein Geodreieck
und ein Bleistift
Aufgabenkarten (M10)

Spielvorbereitung:

- Aufgabenkarten größer kopieren, laminieren und ausschneiden.
- Zunächst wird die Klasse (je nach Größe) in 2–4 Gruppen à 8 Schüler aufgeteilt. Die Schüler einer Gruppe sollten räumlich gesehen in einer Reihe sitzen. Dabei dürfen sie sich nicht gegenseitig auf den Tisch blicken können.
- Vor dem Spiel werden die Aufgabenkarten gemischt und je 1 an jede Gruppe verteilt.

Spielablauf:

- Bei diesem Spiel handelt es sich um eine Art Staffel.
- Der erste Spieler dreht die Aufgabenkarte um und zeichnet den Winkel auf ein Blatt weißes Papier. Niemand außer ihm darf die Aufgabenkarte sehen.
- Dann gibt er sein Blatt an den nächsten Spieler weiter. Dieser misst den Winkel aus. Er geht mit dem Ergebnis zu dem dritten Spieler und flüstert ihm das Ergebnis ins Ohr.
- Dieser zeichnet den gehörten Winkel auf ein neues Blatt weißes Papier und gibt sein Blatt dem vierten Spieler.
- Auf diese Weise wird immer entweder Blatt oder Winkelgröße weitergegeben, bis der letzte Spieler erreicht ist.
- Eine zweite Runde beginnt mit dem 2. Spieler einer Runde.

Spielende:

- Die Lehrkraft kontrolliert die letzten Ergebnisse und vergleicht sie mit der Aufgabenkarte. Die Gruppe(n) mit der geringsten Abweichung erhält einen Punkt.
- Es sollte vorher festgelegt werden, wie viele Runden gespielt wird.

6 Tic Tac Toe

Teiler und Vielfache

Anzahl Mitspieler: 6

Material: 9 Stühle
Stuhllehnen-Schilder (M11a)
Zahlenkarten (M11b)
Klebestreifen (Tesafilm, o. Ä.)

Spielvorbereitung:

- Stuhllehnen-Schilder größer kopieren, ausschneiden, laminieren.
- Zahlenkarten ausschneiden, laminieren (Die einzelnen Sets nicht untereinander mischen!).
- Die Stühle werden in drei Reihen mit je 3 Stühlen aufgestellt.
- Die Stuhllehnen-Schilder werden gemischt und an den Stuhllehnen befestigt.
- Es werden 2 Gruppen à 3 Schüler gebildet.
- Jeder Schüler erhält eine Zahlenkarte.

Spielablauf:

- Eine Mannschaft beginnt und der erste Spieler wählt einen Stuhl aus, auf den er sich gemäß der Beschriftung setzen darf.
- Danach ist die zweite Mannschaft an der Reihe.
- Auf diese Weise setzen sich alle Spieler auf einen Stuhl, wobei das Spielziel ist, mit seiner Mannschaft drei Stühle in einer Reihe zu besetzen (senkrecht, waagerecht oder diagonal).
- Sitzen alle sechs Spieler, darf sich immer abwechselnd ein beliebiger Spieler pro Mannschaft umsetzen, d. h. auf einen freien Platz.
- Dabei dürfen sich die Teammitglieder nicht unterhalten und es muss natürlich auch weiterhin auf die Bedingungen auf der Lehne geachtet werden.

Spielende:

- Gewonnen hat das Team, das zuerst drei Plätze in einer Reihe (waagerecht, senkrecht oder diagonal) besetzen kann.

Christine Michel: Spiele zum Grundwissen Mathematik
Persen Verlag GmbH, Buxtehude

7 Umsetzen

Umrechnen von Längen- und Flächeneinheiten

Anzahl Mitspieler: die ganze Klasse

Material: Aufgabenkarten (M12a,b)
Klebegummi

Spielvorbereitung:

- Aufgabenkarten vergrößert kopieren, ausschneiden und laminieren.
- Zwei Teams aus je zwei Spielern werden aus dem Raum geschickt.
- Die Schüler, die in der Klasse bleiben, erhalten jeder eine Aufgabenkarte, die sie sich notieren und dann lösen. Die Lösungen auf einen Zettel schreiben und behalten.
- Dann hängt jeder Schüler seine Aufgabenkarte mit Klebegummi an die Tafel und setzt sich auf einen beliebigen freien Platz in der Klasse, wobei er sich nicht auf seinen eigenen sowie nicht auf die Stühle der Schüler vor der Tür setzen darf.
- Wenn alle Schüler sitzen, werden die 2 Teams wieder in den Raum gebeten.

Spielablauf:

- Ziel ist es, durch Tauschen der Schüler jeden Schüler auf seinen Platz zu setzen.
- Ein Team beginnt und bittet zwei „Ergebnisse", ihren Platz zu tauschen. Dazu müssen die Aufgabenkärtchen an der Tafel selbstverständlich von diesem Team gelöst werden.
- Die beiden Schüler, deren Ergebnisse genannt wurden, tauschen die Plätze.
- Beide Teams wechseln sich ab.
- Tauscht ein Team zwei Schüler so, dass ein (oder beide) Schüler auf seinem richtigen Platz zu sitzen kommen, erhält das Team die Aufgabenkarte des Schülers von der Tafel und ist noch einmal an der Reihe. Der Schüler, der auf seinem Platz sitzt spielt nicht mehr mit.

Spielende:

- Das Spiel endet, wenn jeder Schüler auf seinem richtigen Platz sitzt.
  Gewonnen hat das Team, das die meisten Aufgabenkärtchen erbeutet hat.

8 Teilerrennen

Teilermengen bestimmen

Anzahl Mitspieler: die ganze Klasse

Material: Teilerkarten (M13)

Spielvorbereitung:

- Die Teilerkarten in zwei Farben größer kopieren, laminieren und ausschneiden.
- Das Spiel sollte auf dem Schulhof oder in der Sporthalle gespielt werden.
- Die Klasse wird in 2 Teams aufgeteilt. (Bei großen Klassen können auch 3 Gruppen gebildet werden.)
- Mit Kreide werden im Abstand von 30-50 m zwei Markierungen angebracht.
- Die Karten werden gemischt und verdeckt ausgelegt an der einen Markierung. Nur die Karte, auf der steht, welche Teilermenge gesucht ist, wird offen ausgelegt.
- Die Schüler stellen sich an der zweiten Markierung in einer Reihe auf.

Spielablauf:

- Bei dem Spiel handelt es sich um einen Staffellauf.
- Ziel ist, die jeweiligen Teilermengen aufsteigend zu ordnen.
- Der erste Schüler jeder Gruppe rennt zu seinen Karten und deckt eine davon auf. Ist es die Mengenklammer, darf er sie sofort aufdecken, ist es eine Zahl, so merkt er sich die Zahl und die Position, deckt das Kärtchen wieder um und läuft zurück. Er teilt den anderen Schülern seine Informationen mit. Die Karten dürfen nur in der richtigen Reihenfolge angelegt werden.
- Falsche Karten werden zur Seite gelegt. Sollte eine richtige Karte irrtümlich aussortiert werden, muss die Karte (verbunden mit 1x laufen) wieder zurück sortiert werden.
- Der nächste Schüler kann loslaufen, sobald der erste Schüler ihn abgeschlagen hat.

Spielende:

- Das Spiel endet, wenn alle Karten richtig liegen.

Variante: Dieses Spiel ist geeignet, es auch ganz ohne Karten zu spielen. Dazu wird einfach vom Lehrer eine Teilermenge mit bunter Kreide auf die zweite Markierung geschrieben. Die Schüler laufen ebenfalls wie beim Staffellauf und dürfen jeweils nur eine Zahl oder eine Klammer oder eine Korrektur aufschreiben. Jede Gruppe gibt ein vereinbartes Zeichen, wenn sie meint, die richtige Lösung zu haben. Ist die Lösung falsch, darf sie nach 30 sek. wieder korrigieren.

Christine Michel: Spiele zum Grundwissen Mathematik
Persen Verlag GmbH, Buxtehude

9 Dosenwerfen

Brüche vergleichen

Anzahl Mitspieler: 2–4

Material: Bruchkarten (M14)
Dosenkarten (M16)

Spielvorbereitung:

- Die Bruchkarten in 3 Farben kopieren, laminieren und ausschneiden.
- Die Dosenkarten in 3 Farben kopieren, laminieren und ausschneiden.
- Jeder Spieler erhält je drei Dosen jeder Farbe und dazu eine, die er sich aussuchen darf.
- Die Bruchkarten werden gemischt und jeder erhält davon 5.
- Die Dosen werden in den Farben beliebig nach folgendem Muster zu einer Dosenpyramide gelegt:

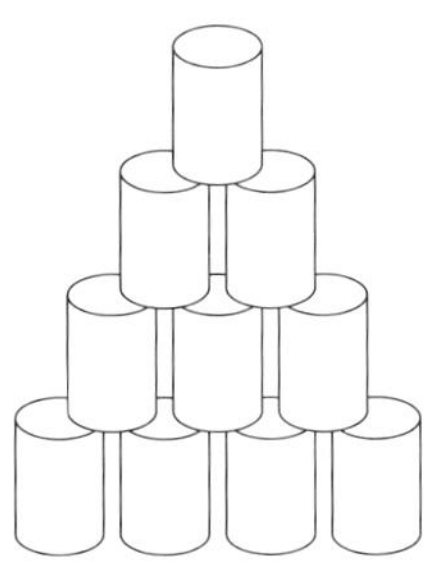

Spielablauf:

- Ein Spieler beginnt und spielt eine Aufgabenkarte aus. Er muss laut ansagen, welchen Wert seine Karte hat. Es empfiehlt sich, möglichst hohe Karten auszuspielen. Dann muss er sofort eine Karte nachziehen.
- Spielt er z. B. eine rote Karte aus, zielt er damit auf die oberste rote Dose seines linken Nachbarn. Hat dieser eine rote Karte mit einem höheren Wert, so hat er den Wurf abgewehrt und der Ball (Bruchkarte) fliegt weiter zum nächsten Spieler usw. Hat er keine rote Karte mit höherem Wert, so wird seine oberste rote Dose getroffen und fällt herunter ... und mit ihr die Dosen, die (möglicherweise) auf ihr gestanden haben.
- Fallen Dosen herunter, darf dieser Spieler als nächster eine neue Karte auszuspielen.

Spielende:

- Das Spiel endet entweder, wenn ein Spieler keine Dosen mehr hat, oder wenn nur noch ein Spieler überhaupt Dosen liegen hat (Absprache vorher).
- Wer keine Dosen mehr hat, darf auch keine Karten mehr ausspielen.

12 Lotto

Terme vereinfachen

Anzahl Mitspieler: 2–3

Material: 1 Lottokarte pro Spieler (M18)
Aufgabenkarten (M19)

Spielvorbereitung:

- Jeder Spieler sucht sich eine Lottokarte aus.
- Die Aufgabenkarten werden gemischt und auf einen Stapel gelegt.

Spielablauf:

- Die Spieler decken reihum eine Karte vom Stapel auf und prüfen, ob diese auf ihre Lottokarte passt.
- Gehören Aufgaben- und Lösungskarte zusammen, wird die Karte auf die Lottokarte gelegt.
- Passt die Karte nicht, wird sie auf den Ablagestapel gelegt.
- Wer einen Joker aufdeckt, darf diesen gegen eine Karte seiner Wahl eintauschen, die auf dem Ablagestapel liegt.
- Wer eine Aussetzen-Karte zieht, darf erst in der nächsten Runde erneut ziehen.
- Sind die Kärtchen aufgebraucht, wird der Ablagestapel neu gemischt.

Spielende:

Der Spieler, der seine Lottokarte zuerst komplett mit Aufgabenkarten zugelegt hat, hat gewonnen.

13 Hoch, höher … (I)

Dezimalbruchrechnung

Anzahl Mitspieler: 2–4

Material: Spielkarten (M20)
Für jeden Spieler eine Fliegenklatsche (optional)

Spielvorbereitung:

- Die Karten werden gemischt und unter den Spielern aufgeteilt.

Spielablauf:

- Jeder Spieler legt seine Karten in einem Stapel mit der Rückseite nach oben vor sich ab.
- Auf ein Signal (1, 2, 3 …) deckt jeder Spieler gleichzeitig die erste Karte auf.
- Jeder Spieler versucht, so schnell wie möglich herauszufinden, welche Karte den höchsten Wert hat.
- Der schnellste Spieler schlägt mit der Fliegenklatsche/der Hand auf die höchste Karte.
- Hat er sich richtig entschieden, bekommt er alle offenen Karten und die nächsten Karten werden aufgedeckt.
- Hat er sich falsch entschieden, kommt seine Karte in die Mitte, die anderen Spieler dürfen ihre Karten wieder unter ihren Stapel schieben. Die Karte in der Mitte bekommt der Gewinner der nächsten Runde.

Spielende:

- Das Spiel endet, wenn ein Mitspieler keine Karten mehr hat.
- Es gewinnt der Spieler mit den meisten Karten.

14 Hoch, höher … (II)

Dezimalbruchrechnung

Anzahl Mitspieler: 2

Material: Spielkarten (M20)

Spielvorbereitung:

- Die Karten werden gemischt und verdeckt in Reihen auf dem Tisch ausgelegt.

Spielablauf:

- Jeder Spieler deckt eine beliebige Karte um, wobei immer abwechselnd angefangen wird.
- Der Spieler, der die höhere Karte umgedreht hat, darf sie vor sich ablegen.
- Die niedrigere Karte wird wieder umgedreht.
- Wer einen Joker aufdeckt, darf diesen behalten und eine weitere Karte aufdecken.
- Es geht darum, sich möglichst viele Karten zu merken, um viele höhere Karten umdrehen zu können.

Spielende:

- Das Spiel endet, wenn alle Karten bis auf eine vom Tisch sind.
- Gewonnen hat der Spieler, der die meisten Karten vor sich liegen hat.

15 Winkelwettkampf

Winkel messen

Anzahl Mitspieler: 2

Material: Winkeldrehscheibe (M21)
Aufgabenkarten (M10)
in einem Beutel

Spielvorbereitung:

- Vor dem Spiel werden die Aufgabenkarten gemischt und je 5 an jeden Spieler verteilt.

Spielablauf:

- Der erste Spieler dreht die erste Aufgabenkarte um und stellt den Winkel auf der Winkeldrehscheibe ein. Dabei darf er nicht nachmessen.
- Der Mitspieler misst den Winkel mit dem Geodreieck nach und verteilt Punkte für die Genauigkeit:

Ergebnis	Punkte
Richtige Winkelart eingestellt	1
Abweichung < 10°	3
Abweichung < 20°	2
Abweichung < 30°	1

Spielende:

- Es gewinnt der Spieler mit den meisten Punkten.

Winkeltabelle:

Größe	Winkelart
0°	Nullwinkel
$0^\circ < \alpha < 90^\circ$	Spitzer Winkel
90°	Rechter Winkel
$90^\circ < \alpha < 180^\circ$	Stumpfer Winkel
180°	Gestreckter Winkel
$180^\circ < \alpha < 360^\circ$	Überstumpfer Winkel
360°	Vollwinkel

16 Platz da!

Proportionale Zuordnungen

Anzahl Mitspieler: 2–4

Material: Spielkarten (M22a–d)
Lösungskarten (M22a–d)
Blankokarten

Spielvorbereitung:

- Es wird sich für die leichte oder schwierige Variante entschieden.
- Jeder Spieler erhält eine Spielkarte.
- Die Lösungskärtchen werden kopiert und ausgeschnitten, gemischt und verdeckt auf einem Stapel in die Tischmitte gelegt.

Spielablauf:

- Der erste Spieler deckt ein Lösungskärtchen auf und prüft, ob es auf seine Karte passt. Wenn nicht, legt er es auf den Ablagestapel.
- Dann ist der zweite Spieler an der Reihe.
- Wenn alle verbliebenen Karten auf dem Ablagestapel liegen, wird dieser neu gemischt.

Spielende:

- Das Spiel endet, wenn ein Mitspieler sein Spielbrett voll ausgelegt hat.

Variante: Die Blankokarten können laminiert und mit Folienstift beschriftet werden, wobei die Spielpartner gegenseitig die Tabellen vorbereiten. Das eigene Stellen und Überlegen von geeigneten Aufgaben vertieft das Verständnis in die Thematik.

17 Trimino

Brüche erkennen

Anzahl Mitspieler: 1–2

Material: 25 Triminoteile (M23)

Spielvorbereitung:

- Die Triminoteile mischen und auf einem Tisch ausbreiten.

Spielablauf:

- Bei diesem Puzzlespiel müssen jeweils die Aufgaben mit ihren richtigen Lösungen aneinandergelegt werden. Die Randteile sind dabei schon vorgegeben.
- Ziel ist es, alle Puzzleteile zu verbauen.

Variante I: Das Spiel zu zweit

- Alle Puzzleteile werden durchgemischt und verteilt.
- Das übrigbleibende Teil wird in die Mitte gelegt.
- Immer abwechselnd dürfen jetzt beide Spieler ein Teil von ihren Teilen anlegen, wenn es passt. Passt kein Teil, ist der nächste Spieler an der Reihe.
- Gewonnen hat, wer zuerst keine Teile mehr hat.

Variante II: Das Spiel an der Tafel

- Alle Puzzleteile werden groß kopiert und laminiert.
- Die Teile mit Klebegummi ungeordnet an die Tafel hängen
- Immer abwechselnd dürfen jetzt Spieler aus den beiden Mannschaften ein Teil von den Teilen anlegen, wenn es passt. Finden sie kein Teil, ist der nächste Spieler an der Reihe.
- Gewonnen hat, wer die meisten Teile angelegt hat.

Spielende:

Bei richtiger Lösung ergibt sich ein großes Dreieck.

18 Rechenpuzzle

Flächeninhalt und -umfang

Anzahl Mitspieler: 1

Material: Ergebnisfeld (M24a)
Puzzleteile (M24b)

Spielvorbereitung:

- Die Puzzleteile sowie die Rückseite der Puzzleteile kopieren. Beides zusammenkleben und ausschneiden.
- Alle Puzzleteile mischen und mit der Aufgabenseite nach oben auf dem Tisch ausbreiten.

Spielablauf:

- Jedes Puzzleteil zeigt eine Aufgabe, die gelöst werden muss.
- Das Teil wird dann auf das Ergebnisfeld auf dem Puzzlebogen abgelegt.

Spielende:

- Hat man alle Aufgaben gelöst und dreht dann alle Teile auf die Bildseite, ergibt sich ein schönes Muster.

19 Rechenlabyrinth

Division von Dezimalzahlen

Anzahl Mitspieler: 1–2

Material: Labyrinthbogen (M25)

Spielvorbereitung:

- Um das Labyrinth nicht unnötig oft kopieren zu müssen, kann man es auch laminieren und mit Folienstiften bearbeiten.

Spielablauf:

- Start sind die verschiedenen Ausgänge innen im Labyrinth.
- Ziel ist es, aus dem Labyrinth heraus zu gelangen.
- Der Weg dorthin führt über verschiedene Aufgaben, die „Wegsperren" darstellen.
- Jede Wegsperre öffnet sich nur, wenn die einstellige Quersumme des Betrages des Ergebnisses die Zahl 5 ergibt. Alle anderen Sperren öffnen sich nicht und man muss einen anderen Weg oder Ausgang suchen.

Spielende:

- Hat man auf dem korrekten Weg den Ausgang erreicht, hat man das Labyrinth bezwungen.

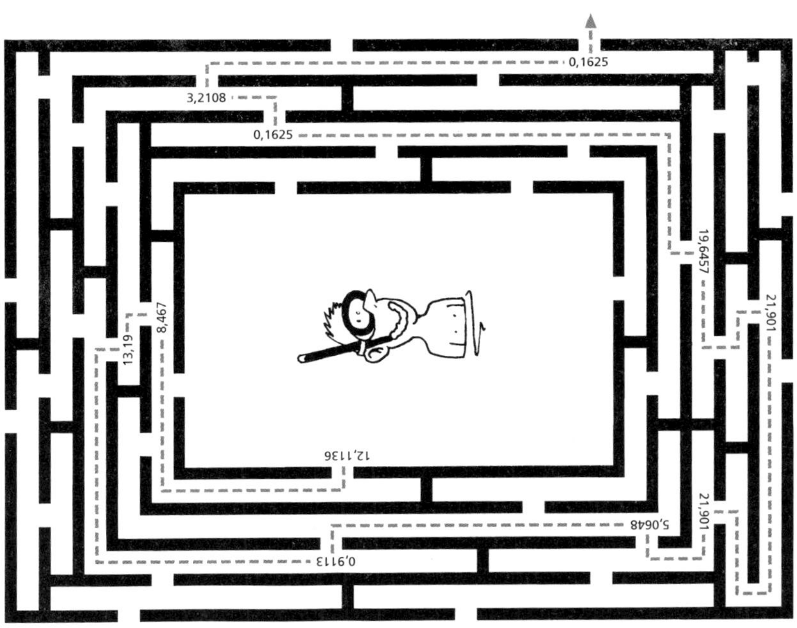

20 Kreuzzahlrätsel

Proportionale und umgekehrt proportionale Zuordnungen

Anzahl Mitspieler: 1

Material: Rätselbogen (M26)
Aufgabenblatt (M27)

Spielvorbereitung:

- Um das Rätsel nicht unnötig oft kopieren zu müssen, kann man es auch laminieren und mit Folienstiften bearbeiten.

Spielablauf:

- Die Lösungen der Aufgaben werden in die Kästchen eingetragen.
- Es gilt: Pro Kästchen eine Ziffer der Zahl.

Spielende:

- Wenn alle Kästchen ausgefüllt sind, ergibt sich aus den markierten Kästchen in richtiger Zahlenreihenfolge (der Größe nach geordnet) ein Lösungswort.

Spielfeld zum Kopfrechenfußball

M1

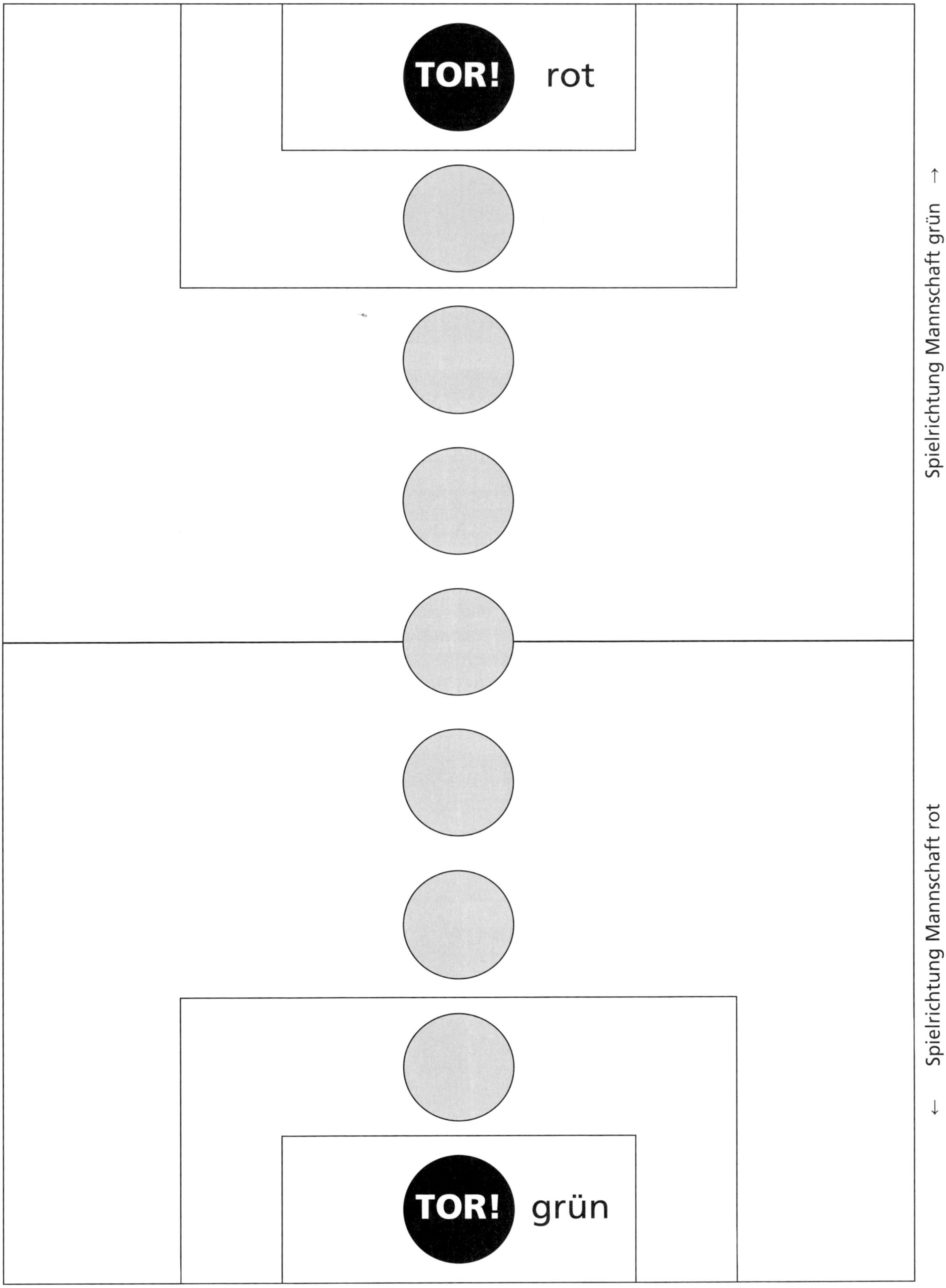

Nummernkarten zum Kopfrechenfußball

M2

1	2	3	4
5	6	7	8
9	10	11	12
13	14	15	16

Christine Michel: Spiele zum Grundwissen Mathematik
Persen Verlag GmbH, Buxtehude

Aufgabensammlung zum Kopfrechenfußball

M3

100 : 5 = 20	929 + 19 = 948	130 : 2 = 65	497 + 2 = 499
3 · 90 = 270	72 – 5 = 67	4 · 73 = 292	81 – 67 = 14
719 + 93 = 812	46 : 2 = 23	688 + 3 = 691	34 : 2 = 17
62 – 12 = 50	8 · 77 = 616	87 – 46 = 41	9 · 80 = 720
24 : 2 = 12	551 + 38 = 589	30 : 2 = 15	34 + 17 = 51
7 · 85 = 595	76 – 40 = 36	2 · 89 = 178	53 – 30 = 23
276 + 48 = 324	36 : 9 = 4	744 + 81 = 825	138 : 6 = 23
83 – 48 = 35	8 · 68 = 544	85 – 42 = 43	8 · 35 = 280
66 : 6 = 11	202 + 58 = 260	30 : 6 = 5	789 + 43 = 832
3 · 94 = 282	73 – 48 = 25	8 · 14 = 112	92 – 5 = 87
141 + 43 = 184	63 : 7 = 9	849 + 14 = 863	117 : 3 = 39
72 – 17 = 55	9 · 19 = 171	90 – 22 = 68	3 · 28 = 84
112 : 7 = 16	604 + 54 = 658	77 : 7 = 11	22 + 32 = 54
9 · 24 = 216	93 – 49 = 44	6 · 11 = 66	93 – 43 = 50
460 + 29 = 489	104 : 4 = 26	757 + 36 = 793	38 : 2 = 19
94 – 39 = 55	6 · 3 = 18	85 – 2 = 83	10 · 68 = 680
65 : 5 = 13	940 + 86 = 1026	120 : 4 = 30	114 + 50 = 164
3 · 96 = 288	67 – 12 = 55	8 · 63 = 504	92 – 50 = 42
865 + 52 = 917	18 : 2 = 9	510 + 63 = 573	132 : 3 = 44
76 – 62 = 14	2 · 42 = 84	93 – 43 = 50	4 · 15 = 60
42 : 6 = 7	198 + 41 = 239	144 : 3 = 48	90 + 40 = 130
6 · 11 = 66	92 – 20 = 72	3 · 72 = 216	76 – 44 = 32
287 + 68 = 355	88 : 2 = 44	784 + 4 = 788	36 : 3 = 12
84 – 62 = 22	2 · 96 = 192	85 – 17 = 68	3 · 78 = 234
145 : 5 = 29	229 + 16 = 245	63 : 9 = 7	185 + 16 = 201
4 · 48 = 192	90 – 64 = 26	5 · 50 = 250	81 – 32 = 49
639 + 23 = 662	115 : 5 = 23	887 + 42 = 929	112 : 8 = 14
91 – 72 = 19	2 · 58 = 116	65 – 26 = 39	3 · 77 = 231
110 : 2 = 55	114 + 42 = 156	135 : 5 = 27	673 + 14 = 687
9 · 31 = 279	98 – 13 = 85	2 · 91 = 182	79 – 24 = 55
220 + 32 = 252	16 : 4 = 4	315 + 63 = 378	22 : 2 = 11
100 – 25 = 75	5 · 47 = 235	73 – 54 = 19	7 · 3 = 21
96 : 2 = 48	832 + 89 = 921	18 : 9 = 2	806 + 57 = 863
6 · 60 = 360	90 – 52 = 38	6 · 51 = 306	85 – 27 = 58
974 + 15 = 989	8 : 4 = 2	108 + 68 = 176	70 : 5 = 14
92 – 46 = 46	3 · 26 = 78	54 – 32 = 22	7 · 42 = 294
90 : 3 = 30	726 + 72 = 798	24 : 4 = 6	30 + 53 = 83
8 · 68 = 544	96 – 9 = 87	5 · 67 = 335	76 – 32 = 44
396 + 34 = 430	140 : 4 = 35	307 + 76 = 383	81 : 3 = 27
90 – 62 = 28	5 · 32 = 160	72 – 22 = 50	8 · 1 = 8
25 : 5 = 5	657 + 3 = 660	140 : 2 = 70	625 + 51 = 676
7 · 11 = 77	72 – 43 = 29	5 · 84 = 420	96 – 61 = 35
214 + 90 = 304	144 : 3 = 48	720 + 54 = 774	140 : 2 = 70
74 – 2 = 72	2 · 94 = 188	56 – 34 = 22	2 · 20 = 40
80 : 2 = 40	413 + 13 = 426	119 : 7 = 17	844 + 80 = 924
9 · 53 = 477	97 – 83 = 14	5 · 25 = 125	55 – 27 = 28
886 + 8 = 894	114 : 2 = 57	940 + 38 = 978	142 : 2 = 71
63 – 28 = 35	7 · 9 = 63	95 – 56 = 39	3 · 29 = 87
126 : 3 = 42	705 + 42 = 747	105 : 3 = 35	90 + 76 = 166
7 · 88 = 616	81 – 11 = 70	2 · 75 = 150	96 – 32 = 64
439 + 68 = 507	150 : 3 = 50	741 + 36 = 777	12 : 6 = 2
90 – 37 = 53	9 · 33 = 297	81 – 19 = 62	2 · 40 = 80
58 : 2 = 29	988 + 31 = 1019	55 : 5 = 11	924 + 2 = 926
2 · 56 = 112	89 – 70 = 19	7 · 46 = 322	72 – 55 = 17

BINGO

BINGO

Christine Michel: Spiele zum Grundwissen Mathematik
Persen Verlag GmbH, Buxtehude

Spiel A

① 89,6 – 89,5 = 0,1	② 0,1 + 0,1 = 0,2	③ 89,6 – 89,3 = 0,3	④ 0 + 0,4 = 0,4	⑤ 40,7 – 40,2 = 0,5
⑥ 0,3 + 0,3 = 0,6	⑦ 0,1 + 0,6 = 0,7	⑧ 0,3 + 0,5 = 0,8	⑨ 52 - 51,1 = 0,9	⑩ 0,6 + 0,4 = 1
⑪ 0 + 1,1 = 1,1	⑫ 0,1 + 1,1 = 1,2	⑬ 0,2 + 1,1 = 1,3	⑭ 0,5 + 0,9 = 1,4	⑮ 80,9 – 79,4 = 1,5
⑯ 0,6 + 1 = 1,6	⑰ 0,4 + 1,3 = 1,7	⑱ 0,6 + 1,2 = 1,8	⑲ 85,1 – 83,2 = 1,9	⑳ 35,7 – 33,7 = 2
㉑ 18 – 15,9 = 2,1	㉒ 0,7 + 1,5 = 2,2	㉓ 18 – 15,7 = 2,3	㉔ 100,7 – 98,3 = 2,4	㉕ 37,5 – 35 = 2,5
㉖ 83,7 – 81,1 = 2,6	㉗ 0 + 2,7 = 2,7	㉘ 83,9 – 81,1 = 2,8	㉙ 62,4 – 59,5 = 2,9	㉚ 0,7 + 2,3 = 3
㉛ 56,9 – 53,8 = 3,1	㉜ 0 + 3,2 = 3,2	㉝ 56,9 – 53,6 = 3,3	㉞ 47,6 – 44,2 = 3,4	㉟ 7,7 – 4,2 = 3,5
㊱ 0,9 + 2,7 = 3,6	㊲ 0,9 + 2,8 = 3,7	㊳ 0,9 + 2,9 = 3,8	㊴ 0,7 + 3,2 = 3,9	㊵ 0 + 4 = 4
㊶ 0 + 4,1 = 4,1	㊷ 93,3 – 89,1 = 4,2	㊸ 0,2 + 4,1 = 4,3	㊹ 0,8 + 3,6 = 4,4	㊺ 51,4 – 46,9 = 4,5
㊻ 0,7 + 3,9 = 4,6	㊼ 76,8 – 72,1 = 4,7	㊽ 0,9 + 3,9 = 4,8	㊾ 19 – 14,1 = 4,9	㊿ 0,7 + 4,3 = 5

Spiel B

① 0,1 + 0 = 0,1	② 62,3 – 62,1 = 0,2	③ 72 – 71,7 = 0,3	④ 41,9 – 41,5 = 0,4	⑤ 0,8 – 0,3 = 0,5
⑥ 81,6 – 81 = 0,6	⑦ 0,9 – 0,2 = 0,7	⑧ 0,5 + 0,3 = 0,8	⑨ 79,8 – 78,9 = 0,9	⑩ 83 – 82 = 1
⑪ 0,1 + 1 = 1,1	⑫ 0,8 + 0,4 = 1,2	⑬ 0,2 + 1,1 = 1,3	⑭ 0,8 + 0,6 = 1,4	⑮ 0,2 + 1,3 = 1,5
⑯ 0,4 + 1,2 = 1,6	⑰ 57 – 55,3 = 1,7	⑱ 0,9 + 0,9 = 1,8	⑲ 0,7 + 1,2 = 1,9	⑳ 50,8 – 48,8 = 2
㉑ 59,2 – 57,1 = 2,1	㉒ 0,9 + 1,3 = 2,2	㉓ 0,8 + 1,5 = 2,3	㉔ 27,1 – 24,7 = 2,4	㉕ 0,5 + 2 = 2,5
㉖ 10,4 – 7,8 = 2,6	㉗ 0 + 2,7 = 2,7	㉘ 12 – 9,2 = 2,8	㉙ 0,1 + 2,8 = 2,9	㉚ 20 – 17 = 3
㉛ 21 – 17,9 = 3,1	㉜ 0,1 + 3,1 = 3,2	㉝ 28,9 – 25,6 = 3,3	㉞ 18,4 – 15 = 3,4	㉟ 0,8 + 2,7 = 3,5
㊱ 0,6 + 3 = 3,6	㊲ 0,6 + 3,1 = 3,7	㊳ 0,6 + 3,2 = 3,8	㊴ 0,5 + 3,4 = 3,9	㊵ 0,6 + 3,4 = 4
㊶ 0,1 + 4 = 4,1	㊷ 51,4 – 47,2 = 4,2	㊸ 41 – 36,7 = 4,3	㊹ 0,5 + 3,9 = 4,4	㊺ 0 + 4,5 = 4,5
㊻ 12,9 – 8,3 = 4,6	㊼ 38,1 – 33,4 = 4,7	㊽ 72,9 – 68,1 = 4,8	㊾ 70,4 – 65,5 = 4,9	㊿ 17 – 12 = 5

Spiel C (1)

① 0,1 + 0 = 0,1	② 19,6 – 19,4 = 0,2	③ 68 – 67,7 = 0,3	④ 70,5 – 70,1 = 0,4	⑤ 81,9 – 81,4 = 0,5
⑥ 71,1 – 70,5 = 0,6	⑦ 0,5 + 0,2 = 0,7	⑧ 42,7 – 41,9 = 0,8	⑨ 93,8 – 92,9 = 0,9	⑩ 18 – 17 = 1
⑪ 0,4 + 0,7 = 1,1	⑫ 72,6 – 71,4 = 1,2	⑬ 76,4 – 75,1 = 1,3	⑭ 89,7 – 88,3 = 1,4	⑮ 43,6 – 42,1 = 1,5
⑯ 0,2 + 1,4 = 1,6	⑰ 94,9 – 93,2 = 1,7	⑱ 82,7 – 80,9 = 1,8	⑲ 5,4 – 3,5 = 1,9	⑳ 76 – 74 = 2
㉑ 0,8 + 1,3 = 2,1	㉒ 0,3 + 1,9 = 2,2	㉓ 0,5 + 1,8 = 2,3	㉔ 0,8 + 1,6 = 2,4	㉕ 0,1 + 2,4 = 2,5

Spiel C (2)

㉖ 91,6 – 89 = 2,6	㉗ 19,9 – 17,2 = 2,7	㉘ 0,2 + 2,6 = 2,8	㉙ 68,7 – 65,8 = 2,9	㉚ 0 + 3 = 3
㉛ 0 + 3,1 = 3,1	㉜ 3,0 + 0,2 = 3,2	㉝ 0,4 + 2,9 = 3,3	㉞ 54,8 – 51,4 = 3,4	㉟ 4,5 – 1 = 3,5
㊱ 0,5 + 3,1 = 3,6	㊲ 73,8 – 70,1 = 3,7	㊳ 66 – 62,2 = 3,8	㊴ 0,3 + 3,6 = 3,9	㊵ 0,1 + 3,9 = 4
㊶ 0,9 + 3,2 = 4,1	㊷ 0,7 + 3,5 = 4,2	㊸ 68 – 63,7 = 4,3	㊹ 45,3 – 40,9 = 4,4	㊺ 47,7 – 43,2 = 4,5
㊻ 0 + 4,6 = 4,6	㊼ 3,5 + 1,2 = 4,7	㊽ 87,1 – 82,3 = 4,8	㊾ 94,9 – 90 = 4,9	㊿ 0,9 + 4,1 = 5

Spiel D

① 0,1 + 0 = 0,1	② 15 – 14,8 = 0,2	③ 46,5 – 46,2 = 0,3	④ 20,5 – 20,1 = 0,4	⑤ 33,4 – 32,9 = 0,5
⑥ 37,5 – 36,9 = 0,6	⑦ 0,7 + 0 = 0,7	⑧ 0,6 + 0,2 = 0,8	⑨ 0,7 + 0,2 = 0,9	⑩ 72,7 – 71,7 = 1
⑪ 0,5 + 0,6 = 1,1	⑫ 57,2 – 56 = 1,2	⑬ 0,1 + 1,2 = 1,3	⑭ 37,5 – 36,1 = 1,4	⑮ 0,9 + 0,6 = 1,5
⑯ 0,6 + 1 = 1,6	⑰ 0,6 + 1,1 = 1,7	⑱ 0,2 + 1,6 = 1,8	⑲ 0,6 + 1,3 = 1,9	⑳ 0,7 + 1,3 = 2
㉑ 28,5 – 26,4 = 2,1	㉒ 0,7 + 1,5 = 2,2	㉓ 48,7 – 46,4 = 2,3	㉔ 59 – 56,6 = 2,4	㉕ 0,9 + 1,6 = 2,5
㉖ 0,7 + 1,9 = 2,6	㉗ 0,5 + 2,2 = 2,7	㉘ 44,6 – 41,8 = 2,8	㉙ 102,4 – 99,5 = 2,9	㉚ 0,8 + 2,2 = 3
㉛ 0,9 + 2,2 = 3,1	㉜ 77,7 – 74,5 = 3,2	㉝ 0 + 3,3 = 3,3	㉞ 47,2 – 43,8 = 3,4	㉟ 57,9 – 54,4 = 3,5
㊱ 9 – 5,4 = 3,6	㊲ 0 + 3,7 = 3,7	㊳ 0,7 + 3,1 = 3,8	㊴ 83,6 – 79,7 = 3,9	㊵ 0,4 + 3,6 = 4
㊶ 0,4 + 3,7 = 4,1	㊷ 0,2 + 4 = 4,2	㊸ 0,6 + 3,7 = 4,3	㊹ 96,8 – 92,4 = 4,4	㊺ 38,8 – 34,3 = 4,5
㊻ 0,1 + 4,5 = 4,6	㊼ 0,7 + 4 = 4,7	㊽ 0,9 + 3,9 = 4,8	㊾ 0,1 + 4,8 = 4,9	㊿ 0,4 + 4,6 = 5

Spiel E

① 0,1 + 0 = 0,1	② 68,4 – 68,2 = 0,2	③ 82 – 81,7 = 0,3	④ 0,7 – 0,3 = 0,4	⑤ 0 + 0,5 = 0,5
⑥ 7,1 – 6,5 = 0,6	⑦ 72,2 – 71,5 = 0,7	⑧ 89 – 88,2 = 0,8	⑨ 52,9 – 52 = 0,9	⑩ 22,7 – 21,7 = 1
⑪ 58,8 – 57,7 = 1,1	⑫ 0,3 + 0,9 = 1,2	⑬ 51,8 – 50,5 = 1,3	⑭ 10,4 – 9 = 1,4	⑮ 0,2 + 1,3 = 1,5
⑯ 93,3 – 91,7 = 1,6	⑰ 24 – 22,3 = 1,7	⑱ 0,6 + 1,2 = 1,8	⑲ 32,6 – 30,7 = 1,9	⑳ 0,6 + 1,4 = 2
㉑ 92,7 – 90,6 = 2,1	㉒ 0 + 2,2 = 2,2	㉓ 56,4 – 54,1 = 2,3	㉔ 0,4 + 2 = 2,4	㉕ 99,7 – 97,2 = 2,5
㉖ 75,9 – 73,3 = 2,6	㉗ 0,2 + 2,5 = 2,7	㉘ 0,3 + 2,5 = 2,8	㉙ 0,6 + 2,3 = 2,9	㉚ 0,2 + 2,8 = 3
㉛ 0,9 + 2,2 = 3,1	㉜ 0,6 + 2,6 = 3,2	㉝ 60,2 – 56,9 = 3,3	㉞ 0,6 + 2,8 = 3,4	㉟ 73,2 – 69,7 = 3,5
㊱ 61,5 – 57,9 = 3,6	㊲ 0,3 + 3,4 = 3,7	㊳ 0,3 + 3,5 = 3,8	㊴ 37,2 – 33,3 = 3,9	㊵ 0 + 4 = 4
㊶ 93,7 – 89,6 = 4,1	㊷ 0,3 + 3,9 = 4,2	㊸ 93,9 – 89,6 = 4,3	㊹ 0,4 + 4 = 4,4	㊺ 0 + 4,5 = 4,5
㊻ 0 + 4,6 = 4,6	㊼ 0,4 + 4,3 = 4,7	㊽ 0,3 + 4,5 = 4,8	㊾ 0,2 + 4,7 = 4,9	㊿ 0,5 + 4,5 = 5

Christine Michel: Spiele zum Grundwissen Mathematik
Persen Verlag GmbH, Buxtehude

1	2	3	4	5
6	7	8	9	10
11	12	13	14	15
16	17	18	19	20
21	22	23	24	25
26	27	28	29	30
31	32	33	34	35
36	37	38	39	40
41	42	43	44	45
46	47	48	49	50

Klassenrennen – Spielplan

M6

31	32	33	34	35
26	27	28	29	30
21	22	23	24	25
16	17	18	19	20
11	12	13	14	15
6	7	8	9	10
1	2	3	4	5

Christine Michel: Spiele zum Grundwissen Mathematik
Persen Verlag GmbH, Buxtehude

M7a: Thema mathematische Grundbegriffe

Kategorie	Frage	A	B	C	D
50 €	Welche der Flächen ist kein Viereck?	Trapez	Quadrat	**Kreis**	Rechteck
100 €	Wie viel Grad hat ein rechter Winkel?	70°	**90°**	180°	360°
200 €	Wenn man „plus“ rechnet, …	potenziert man	subtrahiert man	quadriert man	**addiert man**
500 €	Die Fläche wird abgekürzt mit dem Buchstaben …	**A**	B	C	D
1 000 €	Was ist eine Quadratzahl?	eine Zahl, die in einem Quadrat steht	**eine Zahl, die mit sich selbst multipliziert wurde**	eine Zahl, die zu sich selbst addiert wurde	eine Zahl, die durch sich selbst dividiert wurde
2 500 €	Was ist eine Primzahl?	nur teilbar durch 1	nur teilbar durch sich selbst	**nur teilbar durch sich selbst und 1, hat genau 2 Teiler**	nur teilbar durch 1 und 1 000
5 000 €	Wie heißt ein Bruch, bei dem der Zähler größer ist als der Nenner?	gemein	**unecht**	falsch	verdreht
10 000 €	Wie heißt das Ergebnis einer Division?	Differenz	Divisor	**Quotient**	Quadrat

M7b: Thema Vielfache/Teiler

Kategorie	Frage	A	B	C	D
50 €	Welche Zahl ist ein Vielfaches von 12?	34	88	**12**	100
100 €	Wie sieht eine Mengenklammer aus?	rund	**geschweift**	eckig	doppelt
200 €	Was ist die kleinste Primzahl?	0	1	**2**	3
500 €	Ein Vielfaches ist …?	**z. B. das Doppelte einer Zahl**	eine kleine Zahl	Die Hälfte einer Zahl	eine große Zahl
1 000 €	Welche Zahl ist keine Primzahl?	23	**27**	17	7
2 500 €	Nenne das kleinste gemeinsame Vielfache von 8 und 12.	22	16	48	**24**
5 000 €	Nenne den größten gemeinsamen Teiler von 18, 24 und 42.	5	12	**6**	2
10 000 €	Wie viele Primzahlen gibt es bis 20?	7	6	9	**8**

M7c: Thema Teilerregeln

Kategorie	Frage	A	B	C	D
50 €	Welche Zahl ist teilbar durch 1?	keine	**jede**	jede zweite	alle bis auf die 1
100 €	Welche Zahlen sind teilbar durch 100?	Die, die genau 2 Nullen am Ende haben	Die, die eine Null am Ende haben	**Die, die 2 oder mehr Nullen am Ende haben**	Nur die Zahl 100
200 €	Zahlen sind teilbar durch 5, wenn sie …	gerade sind	ungerade sind	eine 5 als letzte Ziffer haben	**eine 0 oder 5 als letzte Ziffer haben**
500 €	Was ist eine Quersumme?	eine Additionsaufgabe	**das Ergebnis der Addition der einzelnen Ziffern einer Zahl**	eine quergeschriebene Summe	eine besondere Summe
1 000 €	Für welche Teilerregeln ist die Quersumme wichtig?	8 und 9	4 und 5	**3 und 9**	3 und 7
2 500 €	Welche der Zahlen ist durch 4 teilbar?	**384**	366	387	386
5 000 €	Für welche Zahl gibt es keine Teilerregel?	6	**7**	8	9
10 000 €	Welche Zahl ist *nicht* durch 6 teilbar?	666	**111**	222	444

M7d: Thema Fläche und Umfang

Kategorie	Frage	A	B	C	D
50 €	Nenne eine Fläche mit 3 Seiten!	Quadrat	Raute	**Dreieck**	Rechteck
100 €	Wie viele rechte Winkel hat ein Rechteck?	keine	zwei	drei	**vier**
200 €	Wie groß ist die Winkelsumme im Dreieck?	100°	**180°**	270°	360°
500 €	Den Flächeninhalt eines Quadrates berechnet man mit der Formel:	$A = 4 \cdot a$	**$A = a \cdot a$**	Kann man nicht berechnen	$A = a \cdot c$
1 000 €	Welche Seiten sind beim Parallelogramm gleich lang?	**die gegenüberliegenden Seiten**	die nebeneinanderliegenden Seiten	alle Seiten	keine Seite
2 500 €	Wie groß ist der Umfang eines Quadrates mit a = 7 cm?	14 cm	24 cm	**28 cm**	32 cm
5 000 €	Wie berechnet man den Umfang eines Rechteckes?	$u = a \cdot b$	$u = 4 \cdot a$	$u = a + a + a$	**$u = 2 \cdot a + 2 \cdot b$**
10 000 €	Welchen Flächeninhalt hat ein Rechteck mit a = 3 cm und b = 14 cm?	34 cm	**42 cm^2**	34 cm^2	42 cm

M7e: Thema Geometrische Konstruktionen

Kategorie	Frage	A	B	C	D
50 €	Eine Strecke hat ...	... einen Anfang und kein Ende	... keinen Anfang und ein Ende	**... einen Anfang und ein Ende**	... keinen Anfang und kein Ende
100 €	Ein Strahl hat ...	**... einen Anfang und kein Ende**	... keinen Anfang und kein Ende	... einen Anfang und ein Ende	existiert nicht
200 €	Parallele Geraden ...	schneiden sich	**... haben überall den gleichen Abstand zueinander**	... schneiden sich im rechten Winkel	... gibt es nicht, es gibt nur parallele Punkte
500 €	Wie groß ist ein rechter Winkel?	180°	100°	360°	**90°**
1 000 €	Welcher Buchstabe ist *nicht* achsensymmetrisch?	C	A	**F**	O
2 500 €	Der Radius eine Kreises ist 4 cm. Wie groß ist sein Durchmesser?	auch 4 cm	2 cm	**8 cm**	16 cm
5 000 €	Wo liegt der Punkt P (0/10) im Koordinatensystem?	In der Mitte	Auf der x-Achse	Am Ursprung	**Auf der y-Achse**
10 000 €	Alle Punkte, die den gleichen Abstand zu einem anderen Punkt haben, liegen ...	**... auf einem Kreis**	... auf einer Parallelen	... auf einer Senkrechten	... auf der rechten Seite

M7f: Thema Winkel

Kategorie	Frage	A	B	C	D
50 €	Welches ist kein spitzer Winkel?	20°	78°	45°	**94°**
100 €	Wie groß ist ein überstumpfer Winkel?	zwischen 90° und 270° groß	**zwischen 180° und 360° groß**	zwischen 90° und 180° groß	zwischen 180° und 270° groß
200 €	Wie groß ist die Winkelsumme im Viereck?	100°	180°	270°	**360°**
500 €	Scheitelwinkel sind ...	**gleich groß**	ergänzen sich zu 360°	ergänzen sich zu 180°	ergänzen sich zu 90°
1 000 €	Nebenwinkel sind ...	gleich groß	ergänzen sich zu 360°	**ergänzen sich zu 180°**	ergänzen sich zu 90°
2 500 €	Wo findet man Stufenwinkel?	an Senkrechten	an Geraden	**an Parallelen**	an Strahlen
5 000 €	In einem Dreieck ist $\alpha = 40°$ und $\beta = 85°$. Wie groß ist γ?	45°	**55°**	60°	160°
10 000 €	Wie groß ist die Winkelsumme im Fünfeck?	**540°**	360°	450°	270°

M7g: Thema Brüche

Kategorie	Frage	A	B	C	D
50 €	Wie heißt die obere Zahl im Bruch?	Zahlender	Zahl	Zahlix	**Zähler**
100 €	Was gibt der Nenner an?	**alle Teile**	einen Bruchteil	nichts	Zahl der ausgewählten Teile
200 €	Ein gemischter Bruch besteht aus ...	Zähler und Nenner	einem gekürzten Bruch	**einer ganzen Zahl und einem Bruch**	zwei Brüchen
500 €	Ein unechter Bruch ist ...	eine falsche Aufgabe	**ein Bruch, dessen Zähler größer ist als der Nenner**	ein Bruch, dessen Zähler kleiner ist als der Nenner	ein Bruch, dessen Zähler gleich groß ist wie der Nenner
1 000 €	Was macht man beim Erweitern?	Zähler und Nenner durch dieselbe Zahl dividieren	zu Zähler und Nenner dieselbe Zahl addieren	**Zähler und Nenner mit derselben Zahl multiplizieren**	von Zähler und Nenner dieselbe Zahl subtrahieren
2 500 €	Du willst Achtel zu Zwölfteln addieren. Welchen Hauptnenner wählst du?	Achtel	96stel	Zwölftel	**24stel**
5 000 €	Durch welche Zahl lässt sich $\frac{65}{130}$ kürzen?	6	7	15	**13**
10 000 €	Wobei multiplizierst du mit dem Kehrbruch?	**Bei der Division**	Bei der Multiplikation	Bei der Addition	Bei der Subtraktion

M7f M7g

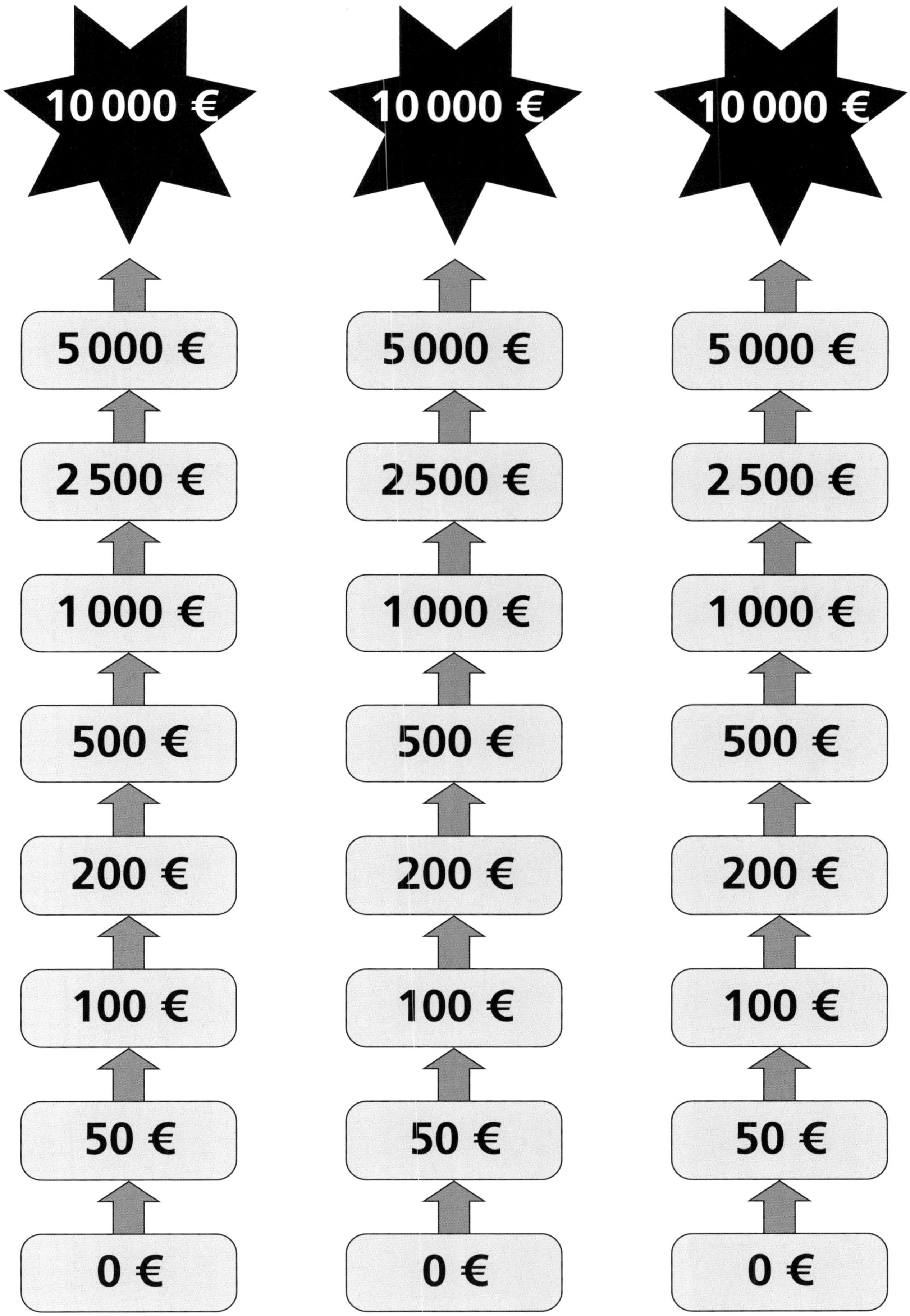
10 000 €
5 000 €
2 500 €
1 000 €
500 €
200 €
100 €
50 €
0 €
10 000 €
5 000 €
2 500 €
1 000 €
500 €
200 €
100 €
50 €
0 €
10 000 €
5 000 €
2 500 €
1 000 €
500 €
200 €
100 €
50 €
0 €

Entscheidungskarten

M9

A	B	C	D
A	B	C	D
A	B	C	D
A	B	C	D

27°	105°	360°	16°
5°	159°	199°	0°
90°	180°	251°	44°
35°	166°	270°	127°
77°	132°	325°	185°
59°	111°	300°	217°
81°	140°	210°	327°

Stuhllehnen-Schilder

M11a

teilbar durch 3	teilbar durch 5	teilbar durch 9
gerade	ungerade	Nicht die kleinste Zahl im Team
Nicht die größte Zahl im Team	teilbar durch 4	JOKER

Zahlenkarten – Spiel 1

M11b

A1 555	A1 348	A1 1 980
B1 615	B1 180	B1 375

Christine Michel: Spiele zum Grundwissen Mathematik
Persen Verlag GmbH, Buxtehude

Zahlenkarten – Spiel 2

A2 504	A2 675	A2 936
B2 765	B2 612	B2 2 115

Zahlenkarten – Spiel 3

A3 684	A3 855	A3 2 736
B3 405	B3 792	B3 810

Zahlenkarten – Spiel 4

A4 945	A4 936	A4 3 492
B4 3 888	B4 585	B4 2 304

Zahlenkarten – Spiel 5

A5 612	A5 1 845	A5 972
B5 864	B5 135	B5 792

Zahlenkarten – Spiel 6

A6 576	A6 675	A6 960
B6 855	B6 648	B6 1 890

Zahlenkarten – Spiel 7

A7 675	A7 864	A7 780
B7 324	B7 405	B7 288

Zahlenkarten – Spiel 8

A8 945	A8 920	A8 936
B8 972	B8 1 305	B8 756

Zahlenkarten – Spiel 9

A9 936	A9 675	A9 990
B9 585	B9 2 016	B9 576

Christine Michel: Spiele zum Grundwissen Mathematik
Persen Verlag GmbH, Buxtehude

Zahlenkarten– Spiel 10

M11b

A10 1836	A10 810	A10 3555
B10 828	B10 675	B10 810

Zahlenkarten – Spiel 11

A11 1140	A11 2196	A11 2655
B11 945	B11 855	B11 756

Zahlenkarten – Spiel 12

A12 1305	A12 840	A12 405
B12 585	B12 576	B12 936

Zahlenkarten – Spiel 13

A13 675	A13 972	A13 630
B13 780	B13 684	B13 585

15 cm (dm)	3 cm (dm)	450 cm (dm)	78 cm (dm)
6 cm (mm)	0,8 cm (mm)	34 cm (mm)	0,08 cm (mm)
70 mm (cm)	145 mm (cm)	0,5 mm (cm)	85,2 mm (cm)
12 dm (cm)	9 dm (cm)	0,56 dm (cm)	0,8 dm (cm)
24 dm (m)	650 dm (m)	7 dm (m)	0,4 dm (m)
4 m (dm)	56 m (dm)	0,1 m (dm)	0,77 m (dm)
37 m (km)	7 000 m (km)	12 000 m (km)	800 m (km)
3 km (m)	1,8 km (m)	0,5 km (m)	98 km (m)

Christine Michel: Spiele zum Grundwissen Mathematik
Persen Verlag GmbH, Buxtehude

800 mm^2 (cm^2)	1 500 mm^2 (cm^2)	600 cm^2 (mm^2)	7 cm^2 (mm^2)
5,4 cm^2 (mm^2)	6 700 cm^2 (dm^2)	40 cm^2 (dm^2)	45 000 dm^2 (m^2)
0,6 dm^2 (cm^2)	34 dm^2 (cm^2)	500 dm^2 (m^2)	76 dm^2 (m^2)
340 dm^2 (m^2)	9,1 m^2 (dm^2)	21 m^2 (dm^2)	54,7 m^2 (dm^2)
16 000 m^2 (a)	60 m^2 (a)	4,3 a (m^2)	900 a (m^2)
0,03 a (m^2)	65 a (ha)	4 006 a (ha)	1,09 ha (a)
38 ha (a)	0,8 ha (a)	8 430 ha (km^2)	300 ha (km^2)
67 500 ha (km^2)	4 km^2 (ha)	37 km^2 (ha)	2,6 km^2 (ha)

$T_{24} = \{1; 2; 3; 4; 6; 8; 12; 24\}$

1	2	3	4	6	8
12	24	{	}		

zusätzliche falsche Karten (optional):

7	5	13

$T_{60} = \{1; 2; 3; 4; 5; 6; 10; 12; 15; 20; 30; 60\}$

1	2	3	4	5	6
12	15	20	30	60	{
}					

zusätzliche falsche Karten (optional):

16	8	40

Christine Michel: Spiele zum Grundwissen Mathematik
Persen Verlag GmbH, Buxtehude

$T_{36} = \{1; 2; 3; 4; 9; 12; 18; 36\}$

1	2	3	4	9	12
18	36	{	}		

zusätzliche falsche Karten (optional):

5	8	16

$T_{42} = \{1; 2; 3; 6; 7; 14; 21; 42\}$

1	2	3	6	7	14
21	42	{	}		

zusätzliche falsche Karten (optional):

5	8	24

$\frac{1}{2}$	$\frac{1}{3}$	$\frac{1}{4}$	$\frac{2}{4}$
$\frac{3}{4}$	$\frac{1}{5}$	$\frac{2}{5}$	$\frac{3}{5}$
$\frac{2}{3}$	$\frac{4}{5}$	$\frac{1}{6}$	$\frac{2}{6}$
$\frac{3}{6}$	$\frac{4}{6}$	$\frac{5}{6}$	$\frac{1}{10}$
$\frac{3}{10}$	$\frac{7}{10}$	$\frac{9}{10}$	$\frac{5}{12}$
$\frac{8}{12}$	$\frac{11}{12}$	$\frac{8}{15}$	$\frac{4}{15}$
$\frac{8}{20}$	$\frac{14}{20}$	$\frac{19}{30}$	$\frac{6}{30}$

Christine Michel: Spiele zum Grundwissen Mathematik
Persen Verlag GmbH, Buxtehude

Dominosteine I

M15

Dominosteine II

M15

Christine Michel: Spiele zum Grundwissen Mathematik
Persen Verlag GmbH, Buxtehude

Dosenkarten

$\frac{1}{2}$	$\frac{1}{3}$	$\frac{1}{4}$	$\frac{2}{4}$
$\frac{3}{4}$	$\frac{1}{5}$	$\frac{2}{5}$	$\frac{3}{5}$
$\frac{1}{8}$	$\frac{3}{8}$	$\frac{1}{10}$	$\frac{1}{20}$
$\frac{1}{50}$	$\frac{1}{25}$	0,5	$0,\overline{3}$
0,25	0,5	0,75	0,2
0,4	0,6	0,125	0,375
0,1	0,05	0,02	0,04

Christine Michel: Spiele zum Grundwissen Mathematik
Persen Verlag GmbH, Buxtehude

$\frac{2}{2}$	$\frac{2}{3}$	$\frac{3}{3}$	$\frac{4}{5}$
$\frac{5}{8}$	$\frac{4}{8}$	$\frac{2}{6}$	$\frac{4}{50}$
$\frac{10}{25}$	$\frac{5}{30}$	$\frac{17}{100}$	$\frac{6}{10}$
$\frac{13}{50}$	$\frac{26}{100}$	1,0	$0{,}\overline{6}$
1,0	0,8	0,625	0,5
$0{,}\overline{3}$	0,08	0,4	$0{,}1\overline{6}$
0,17	0,6	0,26	0,26

61x	50x + 200		22x	24x + 6
8x + 102	37x + 7	9x	30x – 35	43x

13x + 12	50x + 3		47x	39x
72x – 54	20x	21x	57x + 14	84x + 98

2x	44x – 88		5x	2x + 76
13x	x + 20	144 + 64x	3x	3x + 22

Christine Michel: Spiele zum Grundwissen Mathematik
Persen Verlag GmbH, Buxtehude

Set I

M18 M19

15x + 7x – 9x	27x + 11x – 18x	75x – 52x – 14x	**AUSSETZEN**	**AUSSETZEN**
x + 5x – 4x + 12x – 9x	7x + 8x – x + 34x – x	21x + 6x – 2x + 18x	x + x – 2x + 12x – 9x	**AUSSETZEN**
17x – 2x + 14x – 8x	65x – 7x + x + 8x – 6x	18x + (6x –2x)	45x – (8x – 2x)	26x – (17x + 7x)
8 + 5x – 3x + 12 – x	15x + 20 + 42x + 3 – 9	34 + 16x – 3x – 27 + 24x	8x + 11 – x + 17x – 5	6 – 3 + 41x + 16x – 7x
52 + 51x – 49x + 24	11 (4x – 8)	6 (12x – 9)	5 (6x – 7)	25 (2x + 8)
14 (6x + 7)	16 (9 + 4x)	(7x + 19) – (4x – 3)	(15 + 59x) – (46x + 3)	(75x + 65) – (67x – 37)

Set II (nicht vermischen) M18 M19

7x	x + 74		63x + 147	2x + 34
36x – 72	74	7x + 9	20x	33x

24x + 44	6x + 10		21x	48x – 33
76x	65x + 39	94x + 18	x + 9	32x + 9

3x + 74	62x + 17		152 + 38x	5x
20x + 3	39x + 57	72x – 108	23x	79x

Christine Michel: Spiele zum Grundwissen Mathematik
Persen Verlag GmbH, Buxtehude

Set II (nicht vermischen) M18 M19

$8x + 3x - 4x$	$53x + 2x - 34x$	$120x - 88x - 9x$	**AUSSETZEN**	**AUSSETZEN**
$4x + x - 5x + 35x - 2x$	$18x + 6x - x + 55x - 2x$	$71x + 2x - 5x + 11x$	$x + 2x - x + 36 - 2$	**AUSSETZEN**
$17 - 13x + 14x - 8$	$65x - 4x + x + 56 - 39$	$23x + (4x - 7x)$	$54x + 8 - (48x - 2)$	$34x - (21x + 8x)$
$20 + 7x - 6x + 54 - x$	$85x + 35 + 9x + 7 - 24$	$11 + 8x - x - 8 + 13x$	$4x + 22 - x + 4x - 13$	$10 - 1 + 8x + 31x - 7x$
$72 + 24x - 21x + 2$	$9\ (4x - 8)$	$3\ (16x - 11)$	$12\ (6x - 9)$	$21\ (3x + 7)$
$13\ (5x + 3)$	$19\ (8 + 2x)$	$(2x + 20) - (x - 54)$	$(45 + 99x) - (75x + 1)$	$(71x + 23) - (32x - 34)$

67,5 + 99,2	27,1 + 59,7	13,4 + 16,9	112,3 + 0,9
7,3 + 87,6	68,4 + 97,8	60,4 + 25,3	2,7 + 98,5
44,4 + 55,5	0,5 + 78,6	100,1 + 5,8	16,9 + 49,4
34,2 + 45,8	22,7 + 8,2	96,7 – 32,4	46,7 – 2,9
104,3 – 45,4	84,9 – 56,3	55,5 – 16,1	75,8 – 41,8
125,5 – 8,8	64,6 – 33,4	27,3 – 4,9	17,8 – 0,9
91,3 – 5,9	87,6 – 40,5	52,7 – 25,4	100,4 – 13,1

Christine Michel: Spiele zum Grundwissen Mathematik
Persen Verlag GmbH, Buxtehude

Winkelwettkampf – Winkeldrehscheiben

M21

Scheiben in zwei Farben kopieren, laminieren und an den Linien einschneiden.
Jeweils 2 verschiedenfarbige Kreise an den Einschnitten ineinanderschieben.

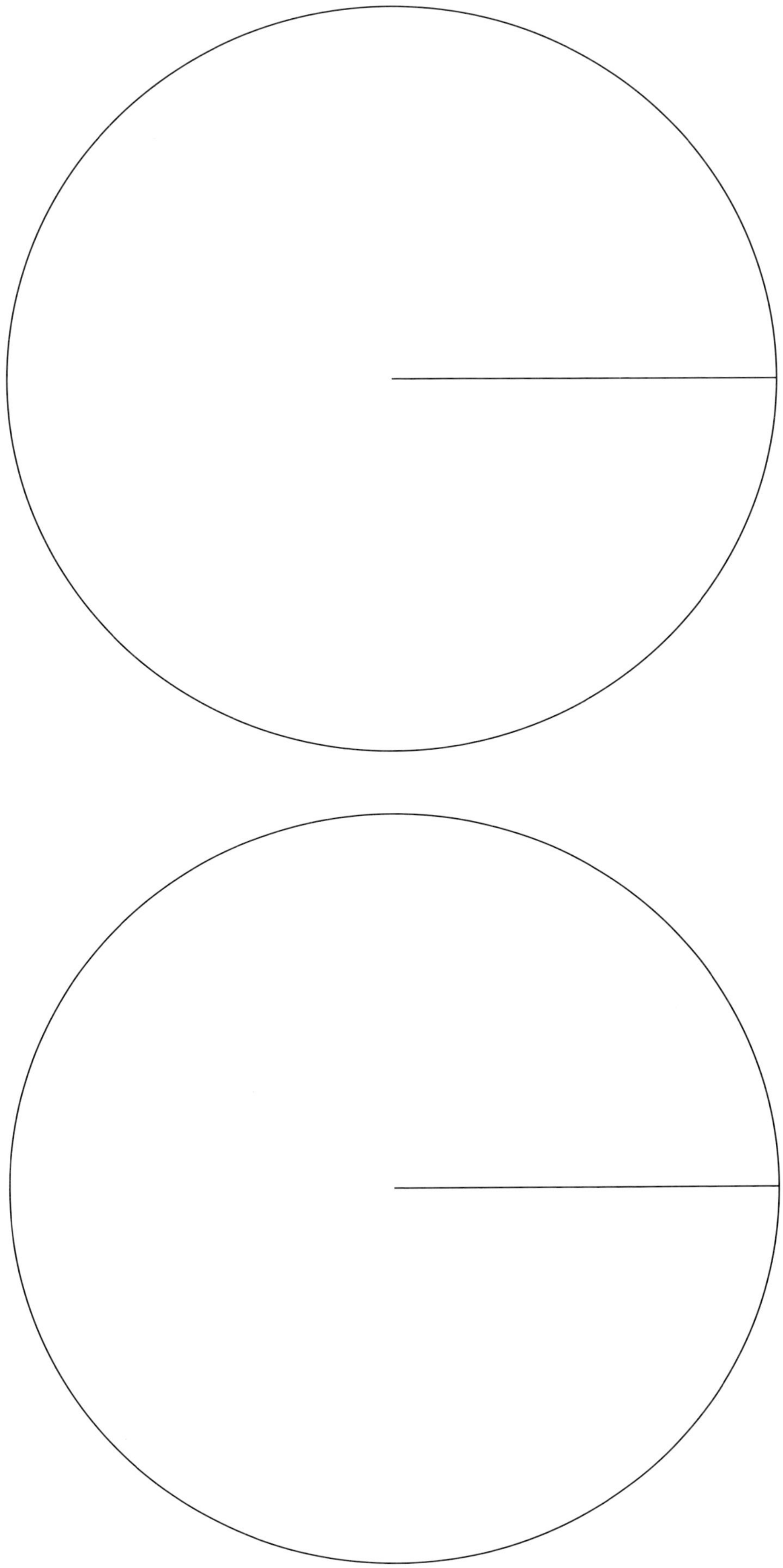

* leichtere Aufgaben

Brötchen (Stück)	Preis (€)
1	0,60
3	
	3,60
8	
	6,60

Pralinen (Stück)	Preis (€)
1	35
6	
	315
15	
	700

* schwerere Aufgaben

Eintrittskarten (Stück)	Preis (€)
7	78,75
3	
	67,50
12	

Brötchen (Stück)	Preis (€)
4	1 060
9	
	3 445
15	

Christine Michel: Spiele zum Grundwissen Mathematik
Persen Verlag GmbH, Buxtehude

* leichtere Aufgaben

1,80	6
4,80	11
210	9
525	20

* schwerere Aufgaben

1	11,25
33,75	6
135	1
265	2 385
13	3 975

Set II

HotDogs (Stück)	Preis (€)
2	3,50
1	
	7,00
7	
	21,00

CDs (Stück)	Preis (€)
4	38,20
8	
	47,75
15	

* leichtere Aufgaben

Tee (Beutel)	Gewicht (g)
1	250
5	
	1 500
17	
	5 250

1,75	4
12,25	12
1 250	6
4 250	21

* schwerere Aufgaben

Fliesen (Stück)	Fläche (m^2)
4	0,6
14	
	5,25
85	

1	9,55
76,40	5
143,25	1
0,15	2,1
35	12,75

Christine Michel: Spiele zum Grundwissen Mathematik
Persen Verlag GmbH, Buxtehude

Zusätzliche Platz da!-Karten und Lösungskarten – Set III

* leichtere Aufgaben

Personen	Fahrpreis (€)
1	13,50
3	
	108,00
11	
	216,00

Zeit (h)	Strecke (km)
1	3,3
5	
	29,7
4,5	
	66,0

* schwerere Aufgaben

Maschinen (Stück)	Teile (Stück)
7	4760
12	
	10200
22	

Zeit (h)	Gehalt (€)
8	58,80
29	
	36,75
13	

* leichtere Aufgaben

40,50	8
148,50	16
16,5	9
14,85	20

* schwerere Aufgaben

1	680
8 160	15
14 960	1
7,35	213,15
5	95,55

Blanko

Christine Michel: Spiele zum Grundwissen Mathematik
Persen Verlag GmbH, Buxtehude

Blanko-Platz da!-Karten und Lösungskarten

* leichtere Aufgaben

* schwerere Aufgaben

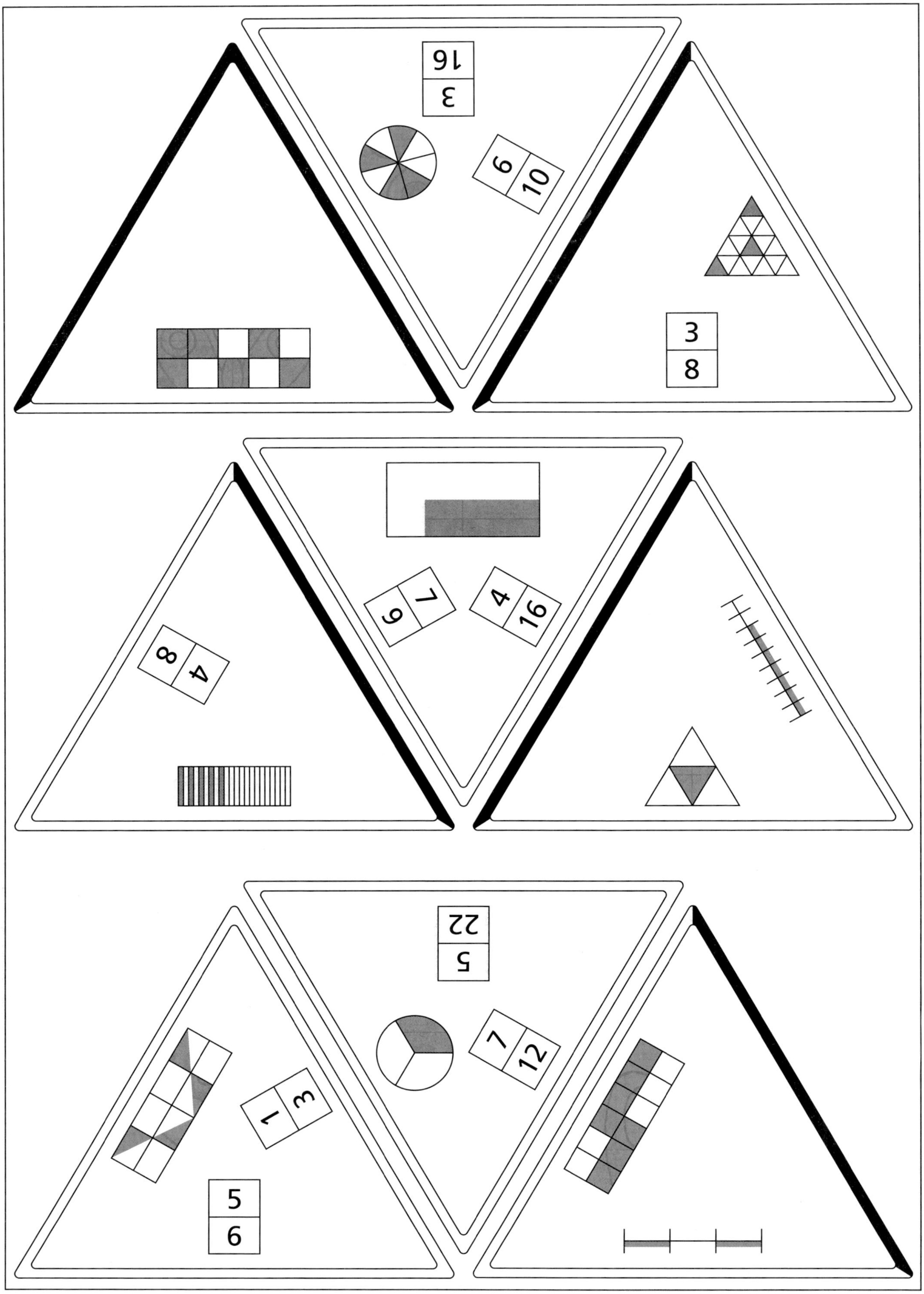

Christine Michel: Spiele zum Grundwissen Mathematik
Persen Verlag GmbH, Buxtehude

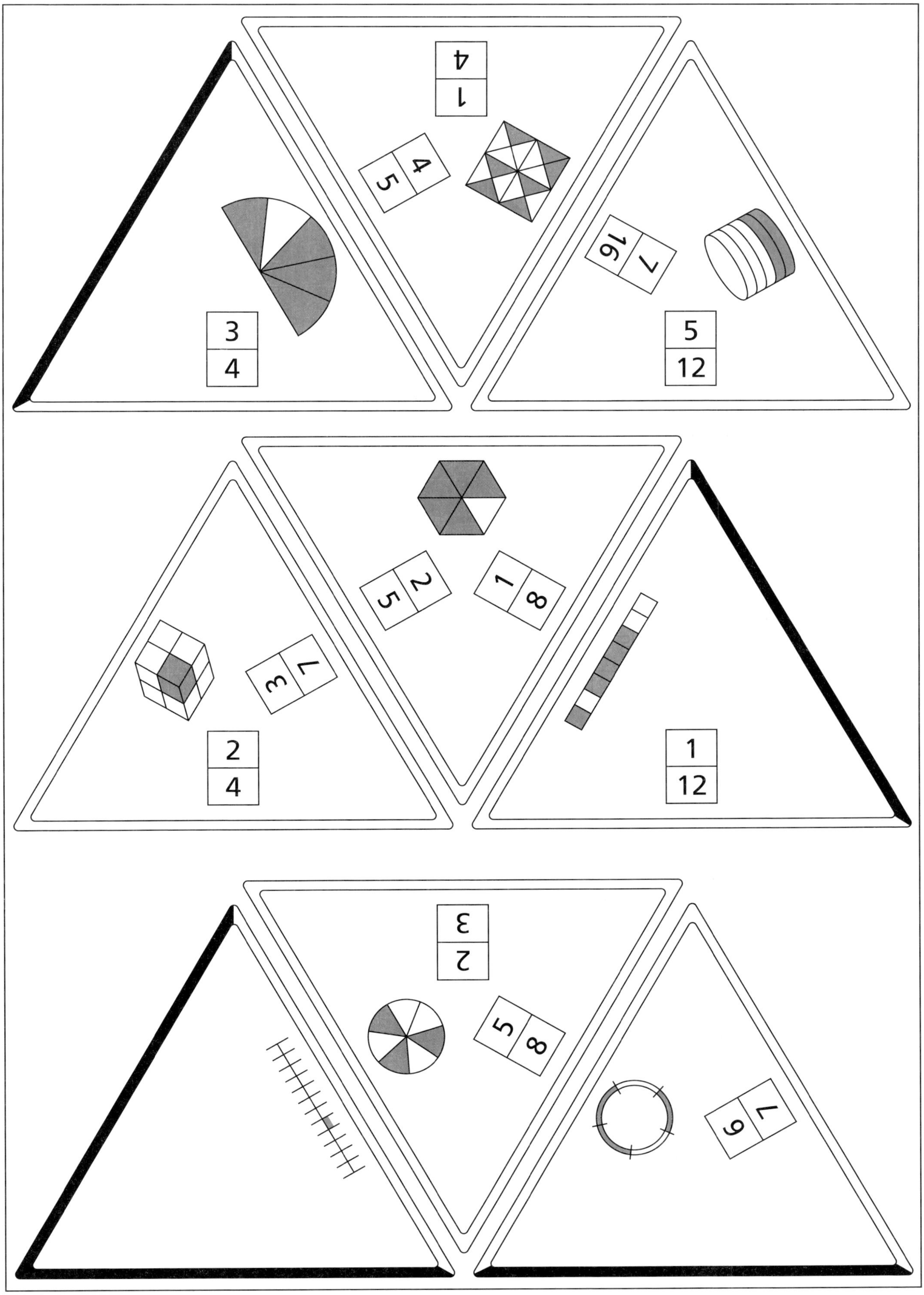
1/4
4/5
3/4
7/16
5/12
2/5
1/8
3/7
2/4
1/12
3/2
5/8
7/9

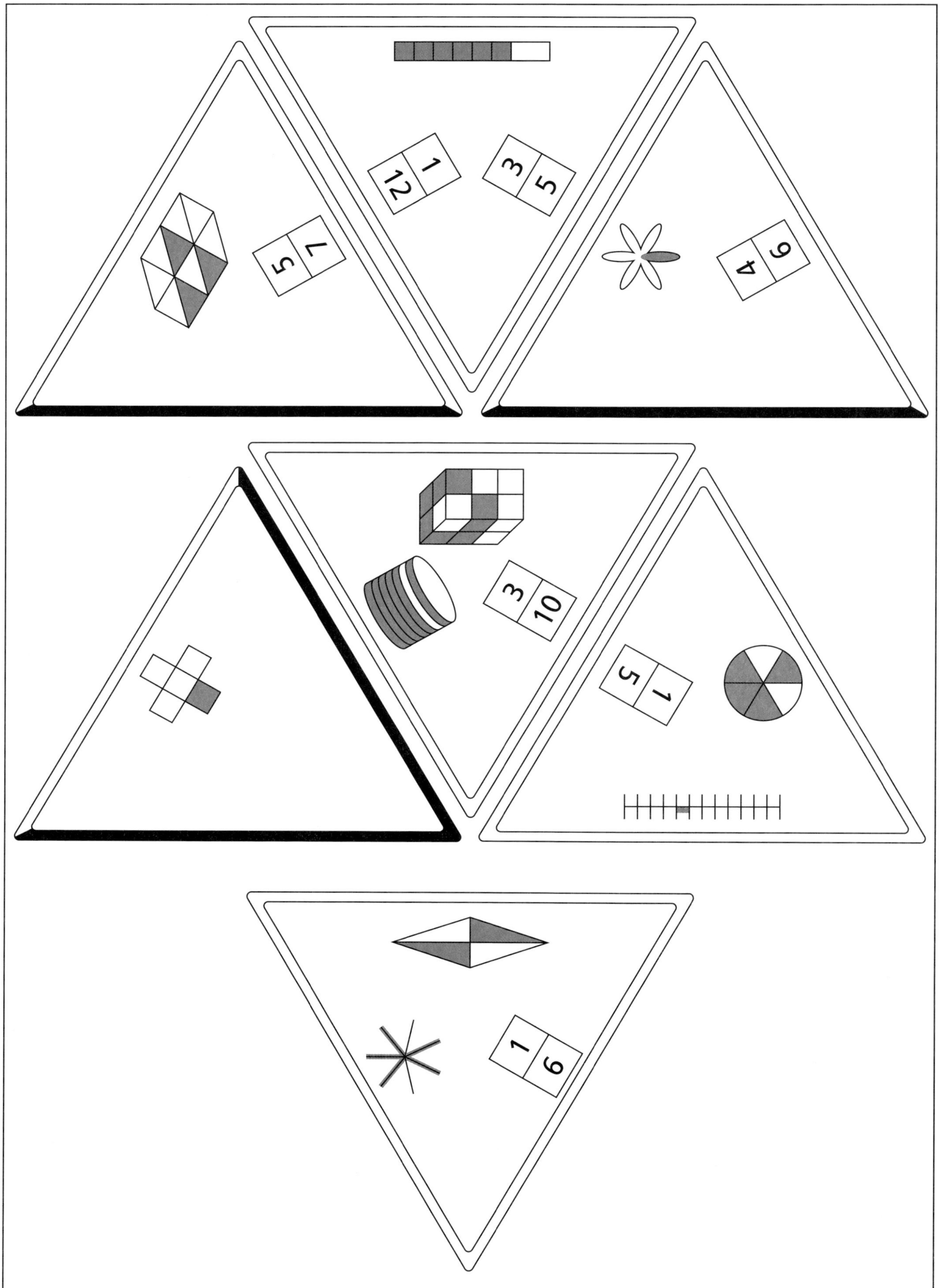

Christine Michel: Spiele zum Grundwissen Mathematik
Persen Verlag GmbH, Buxtehude

42 cm^2	169 cm^2	36 cm	35 cm^2
625 cm^2	12 cm^2	52 cm	134 cm
48 cm^2	254 cm	18,8 cm	660 cm^2
24 cm	19 cm	38 cm	72 cm^2
11,2 cm^2	840 cm^2	45 cm	1 225 cm^2
29 cm	100 cm	140 cm	11cm^2

a = 5 cm b = 7 cm A = ?	a = 12 cm b = 6 cm U = ?	a = 13 cm A = ?	a = 10,5 cm b = 4 cm A = ?
a = 55 cm b = 12 cm U = ?	a = 13 cm U = ?	a = 8 cm b = 1,5 cm A = ?	a = 25 cm A = ?
a = 55 cm b = 12 cm A = ?	a = 1,4 cm b = 8 cm U = ?	a = 120 cm b = 7 cm U = ?	a = 16 cm b = 3 cm A = ?
a = 12 cm b = 6 cm A = ?	a = 16 cm b = 3 cm U = ?	a = 8 cm b = 1,5 cm U = ?	a = 5 cm b = 7 cm U = ?
a = 35 cm A = ?	a = 22 cm b = 0,5 cm U = ?	a = 120 cm b = 7 cm A = ?	a = 1,4 cm b = 8 cm A = ?
a = 22 cm b = 0,5 cm A = ?	a = 35 cm U = ?	a = 25 cm U = ?	a = 10,5 cm b = 4 cm U = ?

Christine Michel: Spiele zum Grundwissen Mathematik
Persen Verlag GmbH, Buxtehude

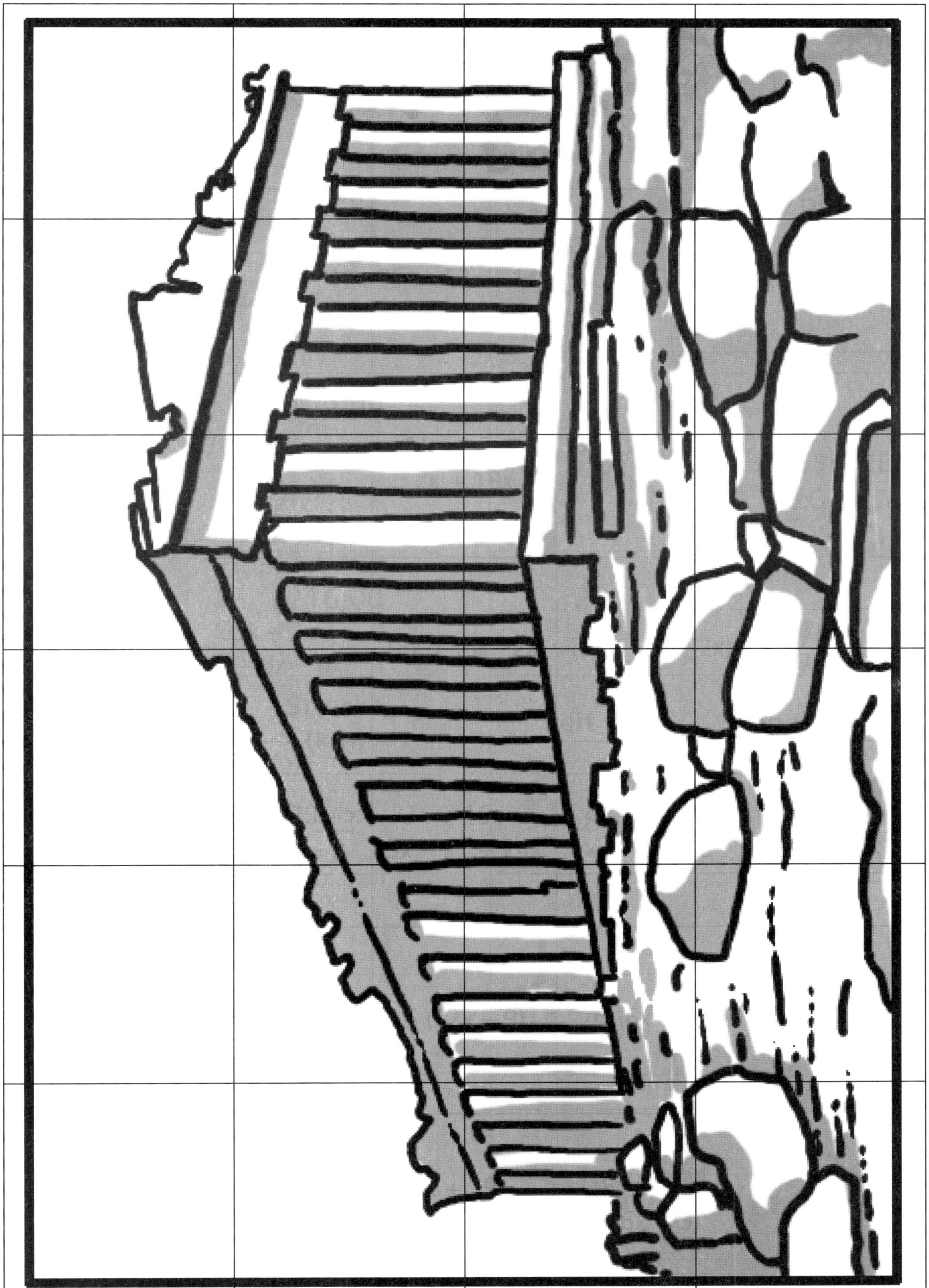

Finde den Weg der Kinder aus dem Schwimmbecken!
Du kannst nur den Weg benutzen, wenn die einstellige Quersumme des Ergebnisses 5 ist.

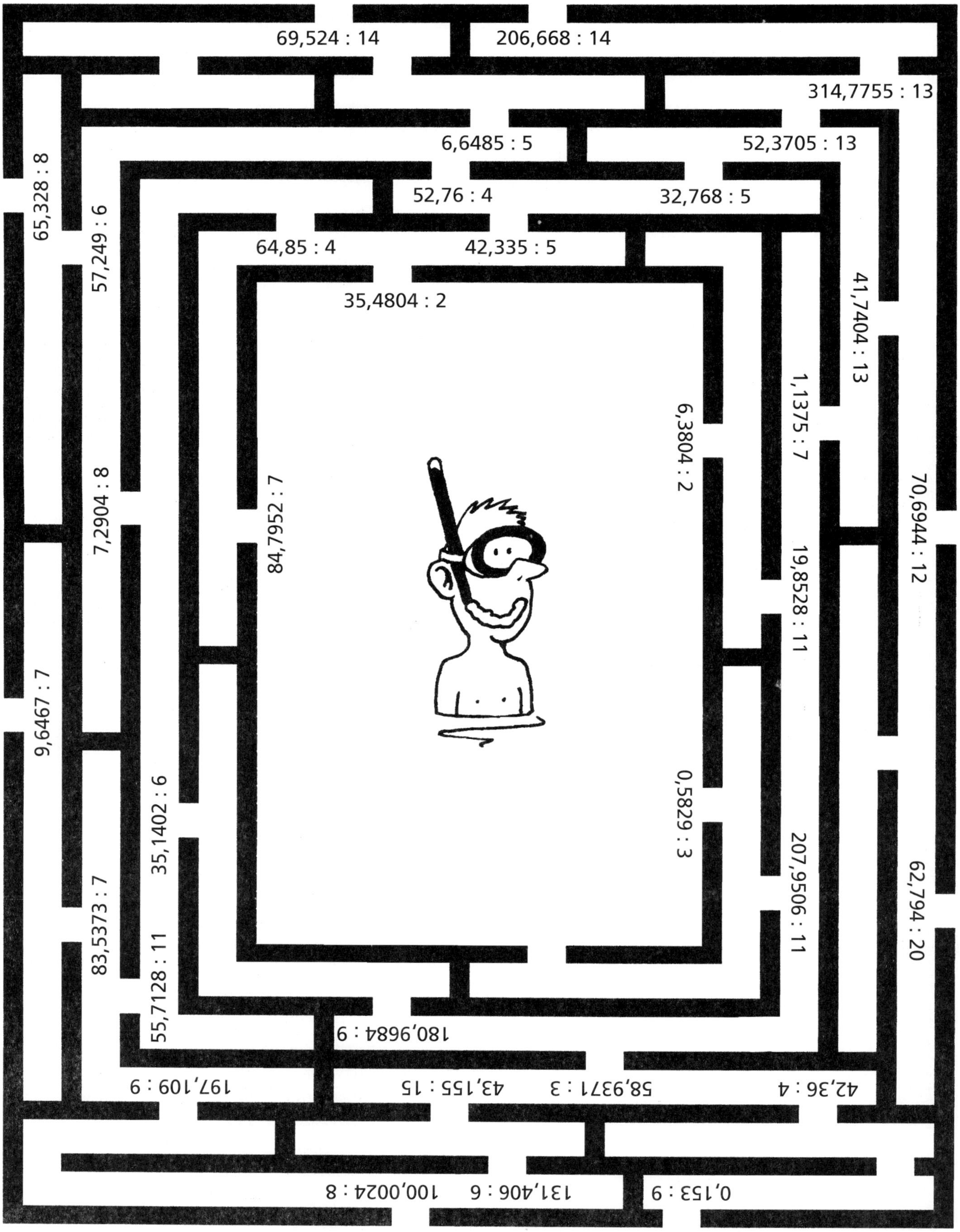

Christine Michel: Spiele zum Grundwissen Mathematik
Persen Verlag GmbH, Buxtehude

Zahlen werden ohne Kommata in das Gitter eingetragen!

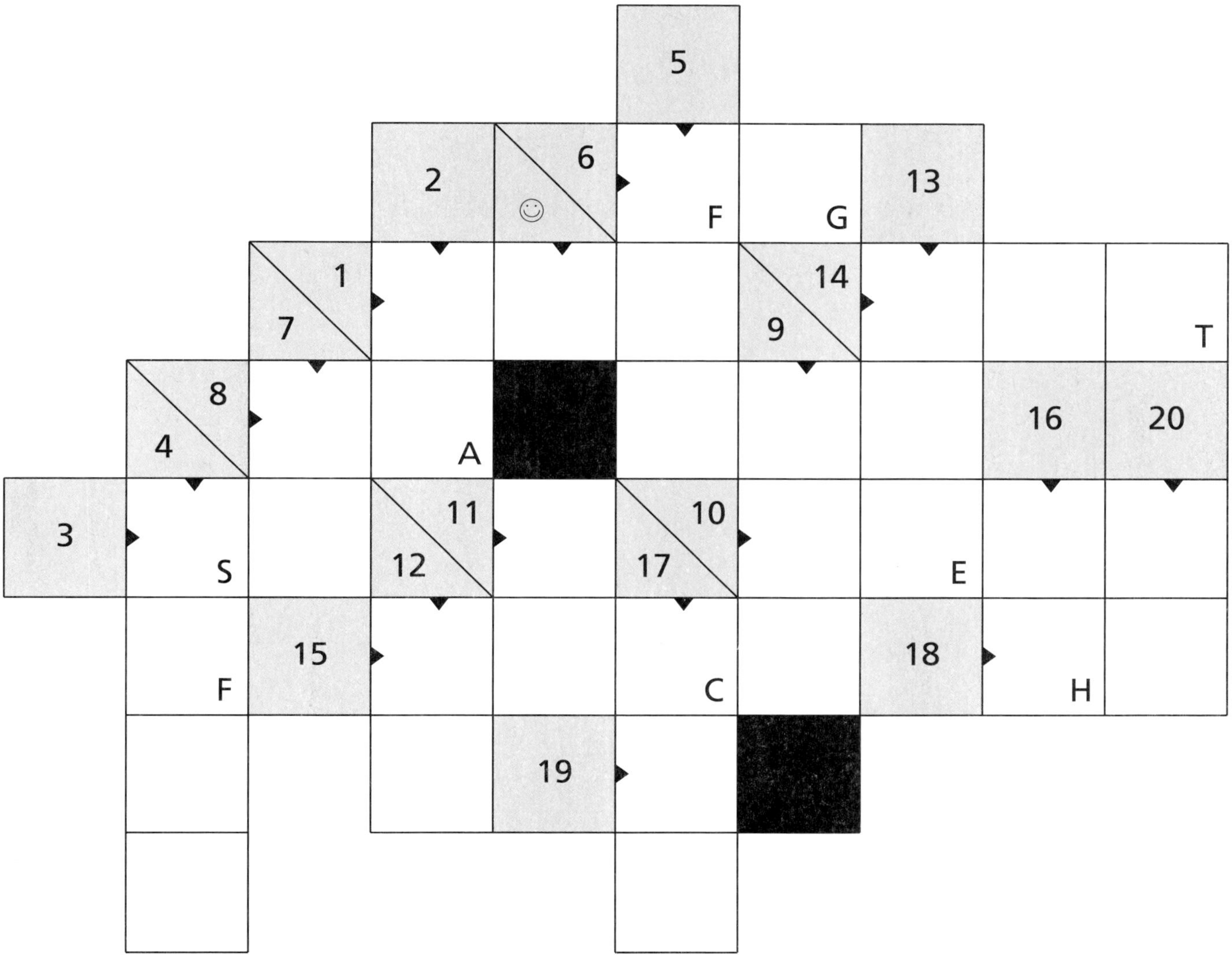

Lösungswort:

_____ _____ _____ _____ _____ _____ _____ _____ _____ !

1) 3 Brötchen kosten beim Bäcker 0,78 €. Wie viel muss Jan für 7 Brötchen bezahlen?

2) Ein Fußweg kann von 10 Arbeitern in 12 Tagen gepflastert werden. Die Firma kann aber nur 8 Arbeiter einsetzen. Wie lange brauchen sie?

3) Eine Leiter soll aus 16 Sprossen im Abstand von 15 cm bestehen. Eine gleich hohe Leiter hat Sprossen im Abstand von 12 cm. Wie viele Sprossen hat sie?

4) Ein Arbeitgeber zahlt 7 Arbeitskräften in einem Monat 9450 € Lohn aus. Er stellt 2 weitere Arbeiter ein, Wie viel € kosten ihn diese beiden Arbeiter?

5) 600g Käse kosten 7,50 € im Angebot. Wie viel kosten 500 g?

6) Bei einer Schrittlänge von 75 cm braucht Dominik 12 Schritte, um den Gartenweg entlangzugehen. Wie viel cm sind Annas Schritte lang, wenn sie den Weg in 15 Schritten zurücklegt?

7) 15 Kinder benötigen für das Aufräumen ihres Klassenraumes 20 min. Wie lange dauert die Aufräumaktion, wenn nur 5 Kinder mithelfen?

8) 100 cm^3 Kork wiegen 26 g. Wie viel wiegen 250 g?

9) Bei einem täglichen Verbrauch von 20 l Cola reicht der Vorrat einer Gaststätte für 140 Tage. Wie lange würde er bei einem täglichen Verbrauch von 25 l reichen?

10) Die Schule in Ürdingen legt ihren Schulhof neu an. Jede der 15 Klassen darf 12m^2 gestalten. Bevor die Umgestaltung losgeht, wird eine Klasse geteilt. Wie viele m^2 bleiben jetzt für jede Klasse?

11) Wenn Mara ihr Erspartes mit in den Urlaub nimmt, kann sie bei einer 8-tägigen Reise jeden Tag 5 € ausgeben. Wie viel Geld könnte sie auf einer 20-tägigen Reise täglich ausgeben?

12) Eine Maschine stellt in 91 Stunden 4900 Teile her. Es liegt ein Auftrag über 2800 Teile vor. In welcher Zeit kann er bearbeitet werden?

13) Eine Reisegruppe von 40 Personen mietet einen Bus für eine Reise nach Italien. Jeder muss für die Fahrt 111,35 € bezahlen. Am Abreisetag werden 6 Personen krank. Wie viel € zahlt jetzt jede Person?

14) Betonplatten werden verladen. 11 Platten wiegen 253 kg. Herr Krause braucht nur 6 Platten.

15) Der Aufenthalt in einer Pension an der Nordsee kostet für 7 Tage 176,12 €. Frau Schmidt möchte nur 2 Tage dort übernachten. Wie viel muss sie bezahlen?

16) Ein Wanderer benötigt für eine 15 km lange Strecke 2 $\frac{1}{2}$ Stunden. Wie weit kommt er bei gleicher Geschwindigkeit in 4 Stunden?

17) Ein Raum soll mit Brettern verkleidet werden. Bei einer Breite von 7 cm braucht man 250 Bretter, aber im Baumarkt sind nur 5 cm breite Bretter vorrätig.

18) Aus einem Stück Stoff können 60 Handtücher der Länge 30 cm zugeschnitten werden. Die Länge der Tücher soll auf 45 cm verlängert werden. Welche Anzahl an Handtüchern erhält man jetzt?

19) 4 Maler schaffen einen Raum in 2 $\frac{1}{2}$ Tagen zu renovieren. Wie lange benötigen 2 Maler?

20) Ein Restaurant kauft 15 kg Gemüse für 60 € ein. Am nächsten Tag kauft es beim gleichen Händler 12,5 kg. Was kostet der Einkauf?

Christine Michel: Spiele zum Grundwissen Mathematik
Persen Verlag GmbH, Buxtehude

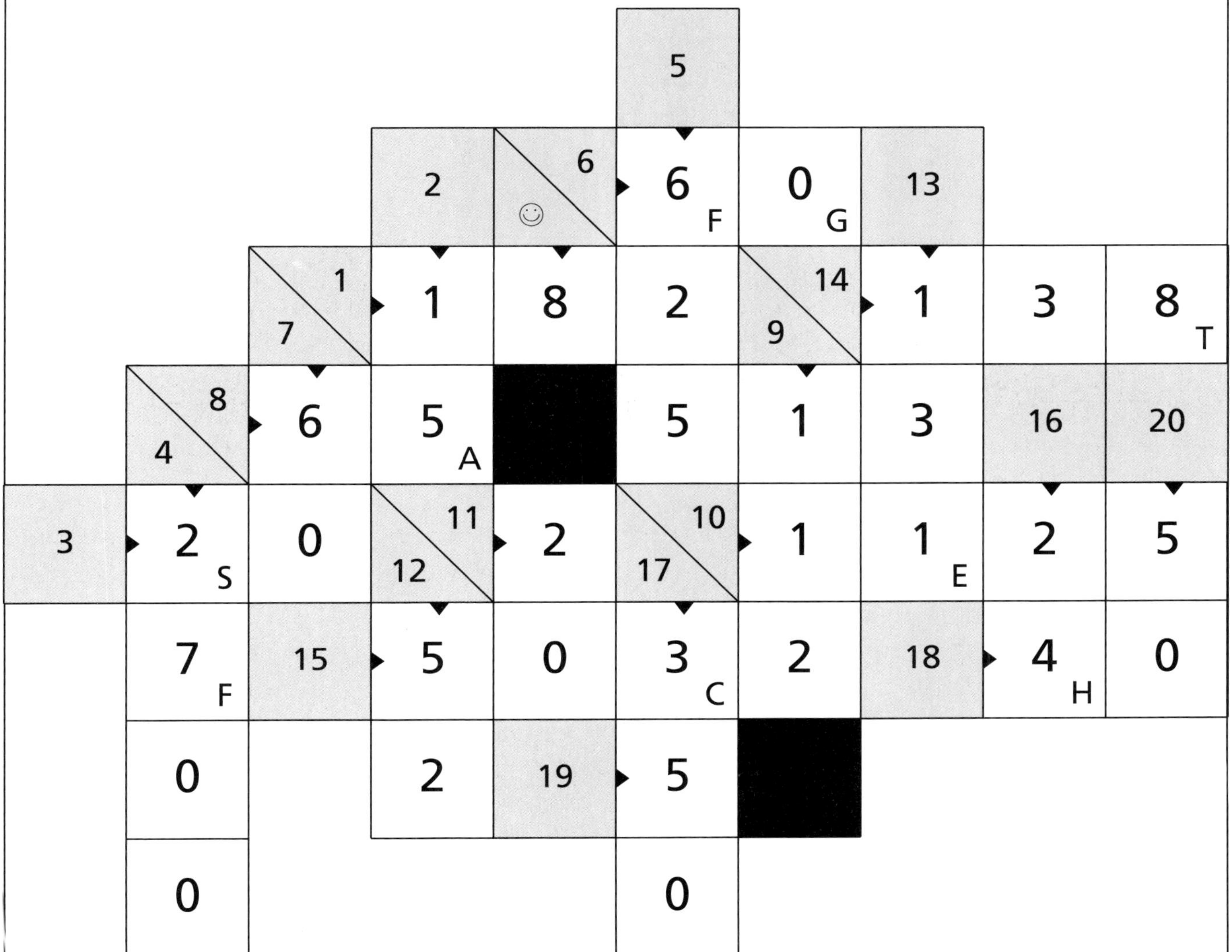

Lösungswort:

G E S C H A F F T !

Vielfältige Ideen für Ihren Unterricht!

Marco Bettner, Erik Dinges

Grundwissen Dezimalbrüche

Ausführliche Einführung – differenzierende Aufgaben

Die Arbeitsblätter helfen, die Dezimalschreibweise und das Umwandeln von Brüchen in Dezimalbrüche zu verstehen. Anhand zahlreicher Aufgaben zur Addition, Subtraktion, Multiplikation und Division von Dezimalbrüchen im ansteigenden Schwierigkeitsgrad und in zwei Differenzierungsstufen erarbeiten sich Ihre Schülerinnen und Schüler ein solides Grundwissen. Lernkontrollen zu jedem Abschnitt helfen, individuelle Defizite zu erkennen und zu beheben.
Leicht verständlich beigebracht: Rechnen mit Dezimalbrüchen!

Mappe mit Kopiervorlagen, 61 Seiten, DIN A4
5. bis 7. Klasse
Best.-Nr. 2663

Marco Bettner, Erik Dinges

Grundwissen Bruchrechnung

Praxisnah – gut strukturiert – kompetenzsteigernd

Diese Kopiervorlagen helfen Ihnen, ergänzend zum Schulbuch die mathematische Kompetenz Ihrer Schülerinnen und Schüler in der Bruchrechnung zu erhöhen. Das Material, das mit ansteigendem Schwierigkeitsgrad die Fertigkeiten im Rechnen mit Brüchen vertieft und festigt, lässt sich sofort einsetzen und ermöglicht das selbstständige Erarbeiten und Wiederholen. Lösungsteil und Lernzielkontrollen helfen, Defizite frühzeitig zu erkennen und diese individuell zu beheben.
Bruchrechnung schrittweise: vom einfachen Bruch zu schwierigerem Rechnen mit Brüchen!

Mappe mit Kopiervorlagen, 61 Seiten, DIN A4
5. und 6. Klasse
Best.-Nr. 2662

Volker Freygang

Sicher im Grundrechnen

Arbeitsblätter mit Selbstkontrolle

Der Erfolg im Fach Mathematik steht und fällt mit dem Beherrschen der Grundrechenarten. Geben Sie Ihren Schülerinnen und Schülern eine faire Chance! Diese abwechslungsreichen und klar strukturierten Arbeitsblätter können Sie als „Starthilfe" zu Beginn der Sekundarstufe einsetzen, aber auch als Vorbereitung auf Bewerbungen am Ende des 10. Schuljahres. Kopfrechen-Karten, Brain-Gym, Rechenpyramiden, -programme und -kreuze trainieren das Kopfrechnen. Die Aufgaben eignen sich hervorragend zur Freiarbeit und Differenzierung, aber auch für Hausaufgaben oder Vertretungsstunden.

Das Besondere: Mit Kontrollfeldblättern und Zauberzahlen festigen Sie die schriftliche Rechenfertigkeit der Kinder und Jugendlichen!

Mappe mit Kopiervorlagen, 58 Seiten, DIN A4
5. bis 10. Klasse
Best.-Nr. 2482

Jens Eggert

25 Grundrechentests

Lernzielkontrollen zu allen vier Grundrechenarten

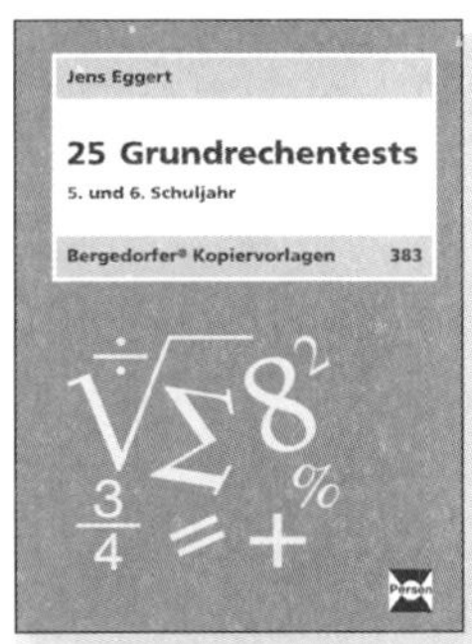

Als Pädagoge kommen Sie um Lernzielkontrollen nicht herum! Mit diesen Tests überprüfen Sie systematisch alle vier Grundrechenarten. Der Vorteil: Regelmäßig eingesetzt, halten Überprüfungen dieser Art die Grundrechenarten im aktiven Kenntnisbereich. Zudem lassen sich Stärken und Schwächen über einen längeren Zeitraum kontinuierlich dokumentieren. Anregungen, wie optische Hilfen und Impulse sowie Bewertungsschlüssel runden das Angebot ab. Ergänzend üben Sie Zehnerüberschreitungen oder das Umrechnen gängiger Maßeinheiten.
Lernziele sicher kontrollieren und bewerten!

Mappe mit Kopiervorlagen, 59 Seiten, DIN A4,
5. und 6. Klasse
Best.-Nr. 2497

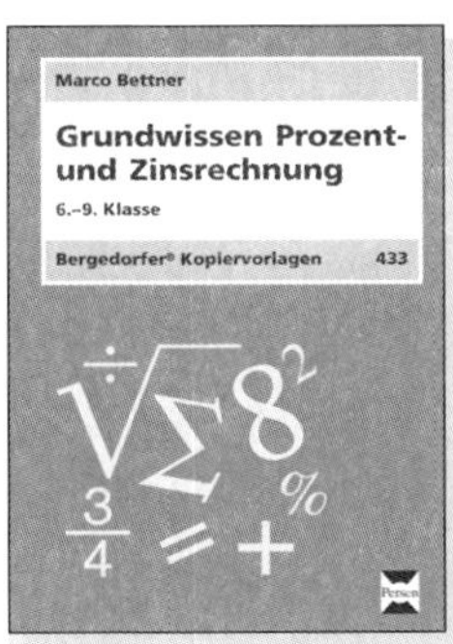

Marco Bettner

Grundwissen Prozent- und Zinsrechnung

Von der Begriffseinführung bis zur qualifizierten Anwendung

Prozent- und Zinsrechnung spielen im Alltag eine große Rolle! Schließlich müssen Ihre Schülerinnen und Schüler später folgende Fragen beantworten: Wie viel Zinsen bekomme ich auf meinem Konto? Wie berechnet sich der Nettolohn? Was sagen mir Diagramme/Statistiken in Zeitung und TV? Mit den schnell einsetzbaren Arbeitsblättern, Lösungsblättern und Testseiten zur Lernzielkontrolle gelingt der Einstieg perfekt. Neben einer kurzen Wiederholung der Grundlagen der Bruchrechnung, enthält die Mappe Aufgabenstellungen zum Üben und Festigen der Prozentrechnung, lebensnahe Aufgaben zum Lesen, zur Erstellung und Beurteilung von Diagrammen sowie Aufgaben zur Zinsrechnung.
Damit entschlüsseln Sie das Geheimnis der Prozent- und Zinsrechnung!

Mappe mit Kopiervorlagen, 55 Seiten, DIN A4
6. bis 9. Klasse
Best.-Nr. 2647

Unser Bestellservice:

Das komplette Verlagsprogramm finden Sie in unserem Online-Shop unter

www.persen.de

Bei Fragen hilft Ihnen unser Kundenservice gerne weiter.

Deutschland: ✆ 0 41 61/7 49 60-40 · Schweiz: ✆ 052/366 53 54 · Österreich: ✆ 0 72 30/2 00 11